图 1　重檐四和舍殿庭（苏州文庙大成殿）

图 2　单檐歇山殿庭（东山轩辕宫正殿）

图 3　砖塔（定慧寺双塔）

图 4　砖木塔（瑞光塔）

图 5　城门与城墙（盘门）

图 6　四面厅（拙政园远香堂）

图 7　厅堂（耦园载酒堂）

图 8　园林（留园）

图 9　楼（拙政园见山楼）

图 10　阁（耦园山水阁）

图 11　舫（拙政园香洲）

图 12　轩（拙政园雪香云蔚亭）

图 13　重檐八角亭（拙政园天泉亭）

图 14　六角亭（拙政园塔影亭）

图 15　八柱方亭（拙政园梧竹幽居）

图 16　扇亭（拙政园与谁同坐轩）

图 17　圆亭（留园舒啸亭）

图 18　六角亭（拙政园北山亭）

图 19　半亭（拙政园）

图 20　廊桥（拙政园小飞虹）

图 21　游廊（拙政园）

图 22　木石牌坊（西园寺前）

图 24　扁作厅

图 25　圆堂

图 23　石牌坊（苏州市区）

图 26　翻轩

图 27 中柱落地

图 28 垂花柱

图 29 枫栱

图 30 短川、双步与三步梁

图 31 长窗、半窗与横风窗

图 32　砖框花窗（1）（窗棂花格）

图 33　砖框花窗（2）（整体形象）

图 34　落地花罩

图 35　纱槅

图 36　挂落罩

图 37　挂落

图 38　插角

图 39　坐栏（吴王靠）

图 40　彩画，牌科（1）

图 41　彩画，牌科（2）

图 42　屏风门

图 43　地穴（月洞门）

图 44　漏窗

图 45　砖细门楼

图 46　石库门

图 47　备弄

图 48　砷石

图 49　戗角（水戗发戗）

图 50　屏风山墙

图 51　如意踏步

中国民居营建技术丛书

钱达 雍振华 编著

苏州民居营建技术

中国建筑工业出版社

图书在版编目（CIP）数据

苏州民居营建技术/钱达，雍振华编著. —北京：中国建筑工业出版社，2014.5
（中国民居营建技术丛书）
ISBN 978-7-112-16575-9

Ⅰ.①苏… Ⅱ.①钱…②雍… Ⅲ.①民居－建筑艺术－苏州市　Ⅳ.①TU241.5

中国版本图书馆CIP数据核字（2014）第052634号

责任编辑：唐　旭　吴　绫　李东禧
责任校对：陈晶晶　关　健

中国民居营建技术丛书
苏州民居营建技术
钱　达　雍振华　编著
＊
中国建筑工业出版社出版、发行（北京西郊百万庄）
各地新华书店、建筑书店经销
北京嘉泰利德公司制版
北京中科印刷有限公司印刷
＊
开本：880×1230毫米　1/16　印张：11　插页：4　字数：350千字
2014年6月第一版　　2014年6月第一次印刷
定价：58.00元
ISBN 978-7-112-16575-9
　　　　（25411）

"中国民居营建技术丛书"编辑委员会

主任委员：陆元鼎

委　　员：（以姓氏笔画为序）

　　　　　　王仲奋　李东禧　吴国智　姚洪峰

　　　　　　唐　旭　梁宝富　雍振华

序

2011 年党中央十七届六中全会《关于深化文化体制改革，推动社会主义文化大发展大繁荣若干重大问题的决定》文件，指出在对待历史文化遗产方面，强调要"建设优秀传统文化传承体系"，"优秀传统文化凝聚着中华民族自强不息的精神追求和历久弥新的精神财富，是发展社会主义先进文化的深厚基础，是建设中华民族共有精神家园的重要支撑"。

在建筑方面，我国拥有大量的极为丰富的优秀传统建筑文化遗产，其中，中国传统建筑的实践经验、创作理论、工艺技术和艺术精华值得我们总结、传承、发扬和借鉴运用。

我国优秀的传统建筑文化体系，可分为官式和民间两大体系，也可分为全国综合体系和各地区各民族横向组成体系，内容极其丰富。民间建筑中，民居建筑是最基础的、涉及广大老百姓的、最大量的、也是最丰富的一个建筑文化体系，其中，民居建筑的工艺技术、艺术精华是其中体系之一。

我国古代建筑遗产丰富，著名的和有价值的都已列入我国各级重点文物保护单位。广大的民间民居建筑和村镇，其优秀的、富有传统文化特色的实例，近十年来也逐步被重视并成为国家各级文物保护单位和优秀的历史文化名镇名村。

作为有建筑实体的物质文化遗产已得到重视，而作为非物质文化遗产，且是传统建筑组成的重要基础——民居营建技术还没有得到应有的重视。官方的古建筑营造技术，自宋、清以来还有古书记载，而民间的营造技术，主要靠匠人口传身教，史书更无记载。加上新中国成立 60 年以来，匠人年迈多病，不少老匠人已过世，他们的技术工艺由于后继乏人而濒于失传。为此，抢救民间民居建筑营建技术这项非物质文化遗产，已是刻不容缓和至关重要的一项任务。

古代建筑匠人大多是农民出身，农忙下田，农闲打工，时间长了，技艺成熟了，成为专职匠人。他们通常都在一定的地区打工，由于语言（方言）相通，地区的习俗和传统设计、施工惯例即行规相同，因而在一定地区内，建筑匠人就形成技术业务上，但没有组织形式的一种"组织"，称为"帮"。我们现在就要设法挖掘各地"帮"的营建技术，它具有一定的地方性、基层性、代表性，是民间建筑营建技术的重要组成内容。

历史上的三次大迁移，匠人随宗族南迁，分别到了南方各州，长期以来，匠人在州的范围内干活，比较固定，帮系营建技术也比较成熟。我们组织编写的"中国民居营建技术丛书"就是以"州"（地区）为单位，以州为单位组织编写的优点是：①由于在一定地区，其建筑材料、程序、组织、技术、工艺相通;②方言一致，地区内各地帮组织之间，因行规类同，易于互帮交流。因此，以州为单位组织编写是比较妥善恰当的。

我们按编写条件的成熟，先组织以五本书为试点，分别为南方汉族的五个州——江苏的苏州、扬州，浙江的婺州（现浙江金华市，唐宋时期曾为东阳府），福建的福州、泉州。

本丛书的主要内容和技术特点，除匠作工艺技术外，增加了民居民间建筑的择向选址和单体建筑的传统设计法，即总结民居民间建筑的规划、设计和施工三者的传统经验。

陆元鼎

2013 年 10 月

前　言

　　进入近代社会之前，建筑的修造通常都是业主亲自面对的活动。出于坚固耐用、便捷美观等方面的考虑，需要以必要的技艺作为支撑。而由于居住的建筑会长期伴随着主人，因此对未来的期许、对灾祸的禁忌等也会融入建筑活动之中。我们将要在后面谈论的"营建"，除了传统的工程技术之外，还会涉及诸如选址、修建仪典、营造禁忌等问题，以使读者能够全面了解过去人们在确定要进行房屋建造之后的整个过程。

　　当然，传统房屋的修建中有关工程技术问题占据了绝大部分的比重，况且因自然环境、气候条件的影响，对建筑有着特定的要求，而历史上匠师传承中"因袭相承，变易甚微"的习俗，又令不同地区的传统建筑上保留了众多的"地方做法"。以苏州为中心的苏式建筑就因其结构紧凑、制作精巧、装饰雅致、格局适宜而为人称誉。它不同于北方传统建筑的厚重、规范，即便与相邻的徽州、扬州及浙东南地区也存有诸多差异。所以在本书中将对其做法予以深入发掘、详尽阐述。

　　相对于工程技术，我国古代建筑活动中对于选址以及施工过程中的各种仪典，有匠师的传承，但更多的是通过方士甚至是某些文人的文字得以传播，因此其共性往往多于个性。尤其是在经济、文化发展之后，某些仪典因不适用而渐渐为人所淡忘。如入山伐木前的择日、祭祀，因商品木料的普遍使用而只保留在传说之中；即便是一直为人们所重视的选址风水，也因地处人口密集的城市而变得无从选择。类似的例子可以举出不少，于是，像苏州这样的地区，所保留的能够反映地方特色的重要工程仪典，在很早之前就已不是太多。因此本书对这一方面叙述持有谨慎的态度，以使其更能反映当地过去的实况。

　　本书分为八章：第一章是对苏州地区的各类传统建筑予以简要介绍；第二章扼要叙述了苏州地区在建筑营建过程中的各类仪典及其演变；第三章苏州民居空间构成讨论的是建筑的基本概念及宏观尺度；过去的苏地建筑工程中，木雕、装折（装修）均由木匠承担，并不区分大木、小木和雕镂等工种，所以在第四章木作中将全面探讨大木构造，其中包括牌科（斗栱）、戗角（翼角）的形式和做法，还有榫卯结构、安装次序等，同时还论述了苏式传统建筑的内、外木装修等被称作"装折"的形式和做法；与木作一样，泥水作除了砌墙、抹灰之外也承担有砖细、水作等工作，故第五章泥水作主要介绍墙垣与屋面以及所涉及的与砖瓦作相关的构造技术；第六章石作介绍了苏州地区的用石品种、石料选择以及加工安装方法；第七章油漆作介绍了苏州地区各种传统的油漆用料、髹饰工艺等；第八章所介绍的"小工"主要指承担辅助性工作的工种。在

苏州传统工匠之中，对于像土方工程、构件搬运、脚手架的搭设没有特别明确
的分工，通常屋基开挖、基础夯筑等是由泥水师傅进行技术控制，由学徒及小
工做具体的操作。所以有关地基开挖、阶台（台基）包砌等被归于这一章予以
讲述。

　　本书虽然是在作者多年与当地匠师交往中所获的施工实践经验、参照现存
实物、研究前人著作的基础上形成的，但限于个人的理解，故书中肯定会有不
足和缺陷的存在，十分期望在出版后能得到同行的批评指教。

雍振华

2013 年 7 月 25 日

目　录

第一章　苏州民居建筑概说

第一节　苏州概况

苏州，古称吴、吴都、吴中、东吴、吴门，拥有悠久的历史文化，自有文字记载以来的历史就有4000多年，是中国首批24个历史文化名城之一，也是江苏省经济最发达的城市。苏州于公元前514年建城，现在还基本保持着"水陆并行、河街相邻"的双棋盘格局和"小桥流水人家、粉墙黛瓦名园"的独特风貌（图1-1-1）。

一、自然环境

苏州四季分明，气候温和，雨量充沛。全市地势低平，平原占总面积的55%，海拔高度3~4m。苏州水网密布，境内河流纵横，湖泊众多，京杭运河贯通南北，土地肥沃，物产丰富，是闻名遐迩的鱼米之乡、丝绸之府，素有"人间天堂"之美誉。

二、气候条件

苏州地处我国长江中下游地区东部沿海，位于北亚热带湿润季风气候区内，夏季气温较高，潮湿多雨，常有35℃以上的高温天，冬季干燥寒冷，但最冷月平均气温仍在0℃之上。苏州季风明显，冬季盛行西北风及东北风，夏

图1-1-1　苏州"小桥流水人家"风貌

季盛行东南风，还会受到台风的影响，每年6、7月份常有一段称为"梅雨季"的阴雨天气。苏州四季分明，冬夏季长，春秋季短，自然条件优越，气候资源丰富。

三、经济文化

苏州物华天宝，人杰地灵，拥有从古至今繁荣发达、长盛不衰的文化和经济。苏州是吴文化的发祥地和核心地带，传统文化发达、历史底蕴深厚，评弹、昆曲、苏剧是苏州文化的"三朵金花"。苏州的园林之美闻名中外，工艺美术巧夺天工，能工巧匠人才辈出。苏州街道依河而建，水陆并行，建筑临水而造，前巷后河，形式优雅，其中民居建筑是其重要的代表。

第二节　苏州民居建筑概况

一、民居概述

建筑是人们利用一切可以利用的材料建造的构筑物，其目的是为获得建筑所形成的"空间"，建筑最初是人类为了抵御自然界的各种侵害而营造的。从远古时代的"穴居"和"巢居"等原始建筑形式，到我们现在的钢筋混凝土建筑和钢结构建筑；从我们的祖先利用最简陋的工具，到现在各种大型机械运用在建筑中；从只能利用身边的竹木土石等自然材料，到现在各种新型建筑材料的不断出现；从最初只能从亲眼所见和个人想象来搭建建筑，到现在运用计算机等高科技来实现各种建筑形式与结构、装修与装饰的设计与模拟，建筑在时间的推移、社会的发展、科技的进步中，不断淘汰不合理、不适应的建筑形式，用新的建筑形式去替代。在替代过程中，那些被证明是合理、有效的形式与结构，为当地居民所接受，被保留下来，形成明确的地域特色，并不断继承与发展。在这一过程中，还不断融入时代的特征，以及由于更多的交往交流所接触的外来影响。特别是到了封建社会，不断完善的封建礼制形成了一套严格的规范标准，规定了每一个人在古代社会中的特定位置、人与人之间的人伦关系，甚至将建筑的规模、装饰标准与使用者的身份、地位等联系在一起，作出了相关的限定，使得同一民族的传统建筑在形式上渐渐地趋向于一致。尽管如此，由于各地自然条件的差异造成的结构方式、做法、尺度等不同，在"因袭相承，变易甚微"的匠师传承制度下，得到了延续，并未发生根本的改变，这使得不同地区的传统建筑又具有了各自的特色。

我国拥有丰富的传统建筑遗产，不仅包括规模庞大、雄伟庄严的宫殿、坛庙、衙署、陵墓、寺观等建筑，也有体量小巧、精致多样的祠堂、会馆、书院、住宅、商铺等建筑，其中作为居住建筑的民居，是最基本的建筑类型，出现得最早，分布得最广，数量又最多。古往今来，中国人对"居者有其屋"可谓是最基本的愿望，因而可以说民居是人类生活最重要的一部分，也是建筑中最普遍、最广泛、最与大众生活密切相关的类型。

古罗马建筑家维特鲁威在其经典名作《建筑十书》中提出了建筑的三个标准：坚固、实用、美观，并一直影响至今。与之相适应，形成了建筑三要素：建筑功能、建筑技术和建筑形象。民居则对这三方面表达出最大众的、最普遍的特征体现。

　　民居特征包括物质形态和非物质形态两方面。物质形态包括民居的平面布局、结构形式和建筑形象所形成的特征；非物质形态包括影响民居的政治、经济、历史、文化、习俗、生活方式和观念等因素所形成的特征。这些特征反映在建筑上主要包含三个方面：①整体环境与平面布局，这是社会经济、家庭结构、生活习俗和生产方式等在民居建筑上的体现；②结构形式与外观形态，这是地域气候、地理环境和技术材料等在民居建筑上的体现；③细部特征与装修装饰，这是观念、喜好、文化、习俗和审美等在民居建筑上的体现。

　　中国由于地域辽阔，民族众多，因而各地气候差异大，自然条件不同，建筑材料也差别很大，加上各地居民由于民族不同或生活条件的差异，造成生产方式、风俗喜好、生活习惯和审美意识的不同，使得当地民居在平面环境、结构布局、外观形态和细部处理，以及装修装饰等方面也各不相同，形成民居建筑鲜明的民族特色和地方特性。苏州的民居建筑即是中国民居的重要代表之一。

二、苏州民居

　　苏州位于长江下游的太湖流域，这里上古文明十分发达，建筑技术也有相当高的水平，考古发现，在这里的马家浜文化、崧泽文化、良渚文化等，当时的房屋建造中已大量运用木构梁柱和榫卯结构。特别是在春秋末期，苏州成为吴国的都城，这使苏州成了吴地的政治、文化中心以及吴文化的发源地和核心地，其建筑水平逐渐高于周边地区。魏晋以后，南北文化的交融以及江南地区的相对稳定和富庶，又促进了建筑水平的快速发展。当然，苏州现存建筑多为明代以后的地面建筑，但从中仍不难发现其完全不同于气派、敦厚、浓重的北方建筑和轻巧、自由、开敞的岭南建筑，而是结构紧凑、工艺精致、色调含蓄、布局灵活，具有典型的江南水乡特色（图1-2-1、图1-2-2）。

　　提起苏州建筑，人们大多第一想到的是苏州享誉海外的传统园林，其实，大量的粉墙黛瓦的民居才是苏州建筑最普遍、最真实的反映。它们或散落太湖边，或栖身丘陵山间，或居于河街旁，或立于市镇中，不断展示出其独特的美，成为中国建筑群体中不可多得的艺术瑰宝。苏州素有"东方威尼斯"之称，水网密布，地势平坦，房屋多依水而建，民居与水、路、桥融合在一起，形成"小桥流水人家"的江南水乡特色。由于苏州的地域、气候与文化因素，苏州的民居形成青砖灰瓦、内敛朴实、细腻温婉、文化含蓄的建筑风格。

　　苏州具有两千五百多年的古民居史，苏州民居是中国民居的主要代表之一。它的特征内涵涉及自然科学和社会科学领域的诸多方面。另外，由于苏州民居建筑一般都由数座、十数座甚至数十座大小不一、形式不同、功能差别的单体建筑组合而成，并因此形成若干个院落，构建多种不同的组合布局。因而，我们可以从建筑单体和群体构成两方面研究苏州民居的营建技术。

　　苏州民居粉墙黛瓦、温婉典雅，由于气候湿热、降雨充沛，为了便于通风隔热、防潮防雨，院落多以天井庭院形式为主，形成进与进的过渡，建筑墙壁和屋顶较北方薄，屋顶有较大的坡度和出檐，利于雨水的排除和雨季的行走。苏州民居的建筑风格朴实、简约，富有生活气息，多采用木构梁柱加填充墙结构体系，素有"墙倒屋不塌"的说法（图1-2-3）。加上精美小巧的屋檐滴水，

开元寺无梁殿　　　　　　瑞光塔　　　　　　　盘门城楼

文庙大成殿　　　　　　　　　　　　　　　　玄妙观三清殿

北寺塔

申公祠牌坊　现移至北寺塔前

全晋会馆戏台

图1-2-1　苏州的传统建筑1

图 1-2-2 苏州的传统建筑 2

图1-2-3 木构梁柱加填充墙结构

图1-2-4 淡雅的苏式民居建筑

形式多样的漏窗，构思巧妙的挂落，以及门窗、栏杆、挂落、门罩、坤石、磴、台阶、铺地、砖雕等部件、装修，更显得淡、雅、清、素，并充满文化艺术气息（图1-2-4）。

苏州民居的庭院通常小巧、自由、精致、淡雅、布局巧妙，受用地限制与家道状况制约，或小则天井，或中则庭院，或大则园林，供家人休闲、怡情之用。其实，享有盛名的苏州古典园林实质上就是苏州民居的一个组成部分，是大中型民居住宅的附属，居住部分称宅，附属花园为宅园，两者共同构成整体的大中型民居。

苏州民居一般依水而建，有"人家尽枕河"之说，或有自己的码头，或有亲水的埠头，甚或借取河道的部分空间，形成诸如吊脚楼、出挑（利用悬臂挑出）（图1-2-5）、枕流（整栋建筑都在河面上）等建筑形式（图1-2-6）。

总之，苏州民居是江南民居的典范，中国民居的代表，不仅提供一处居住的建筑空间，更提供一处充满着文化、艺术、技术的生活环境。

图1-2-5 建筑于水面上出挑

图1-2-6 建筑建于水面之上

第二章　苏州民居的营建

第一节　自然环境与选址

　　人类对环境具有较强的适应力，即使在不同的自然条件下也有可能创造出适宜于生存的方式，但在一定的地理区域内，人们还是会对自己的生活与生产场所有所选择，以使生活更为适宜、生产更为方便。

　　自人类由狩猎转变为养殖、从采集转化到种植，定居生活由此开始，合适的居住场所的选择也从此产生。随着对周围自然与生存关系理解的逐渐加深，他们从最初只是较为随意地为自己搭建住宅，逐步转变为有意识地寻找更为合适的聚居场所。在漫长的农耕社会中，平原地区极宜农业发展，这样的环境中通常会聚集较密的人口。若能够近临河流，则对于生产上的灌溉、生活中的用水都会带来便利，所以临水之地又常常成为营建家园的首选。当然，为避免水患，临水的建筑或聚落需要考虑水流的向背，选择在河道凸岸会更为安全。背山临水，山林之地适宜于种植，水体中的鱼虾可供捕捞，这自然也就成了理想的栖居场所。在高度不大的山岭地带，由于山体的环绕会带来安全感，因而山坞常常是聚落兴建的位置选择。山谷之地常常有汇聚的溪流，这对农业灌溉、生活用水都能带来帮助，所以也会成为被选择的场所，但若山高谷深，那么雨季的洪水就有可能会造成伤害。

一、村庄

　　地处长江下游的苏州地区，属于典型的冲积平原，除了西南部拥有少量低山丘陵之外，其余都为低平的水网平原，域内河港交错，湖荡密布。

　　由于人口密集，为适应农耕生产，平原地带的村庄通常呈现出散型分布，而密集的水体也使这样的形态变得自然与合理。河港的存在将土地分割成无数小块，无疑会阻隔村民的出行、交往。但经过长期的实践，人们学会了利用桥梁来克服河道的阻隔，使用舟楫将水网变成了通达的路网。而河港、湖泊的存在又给农田灌溉带来便利。所以，当地的村庄大多会有河港贯穿，村中民居往往背靠河道而建，这既可就近停靠自备的小船，同时也能为生活提供方便的生活水源。

　　随着人口的增长，原先滨湖、滨江地带的滩涂渐为人开垦利用，因开垦筑堤而形成无数的长堤——"埭"、"坝"。过去修坝主要是用泥土，为方便取土，堤坝的一侧就会被开凿成河道。由于堤坝通常会高于周围的地面，而河道的开凿又具有降低地下水位的作用，所以这些地方常常因堤坝而形成带状的村庄（图2-1-1）。

　　坐落在低山丘陵地带的村落，往往选择三面环山的山坞进行营建，环抱的

图 2-1-1 带状村落

图 2-1-2 团状村落

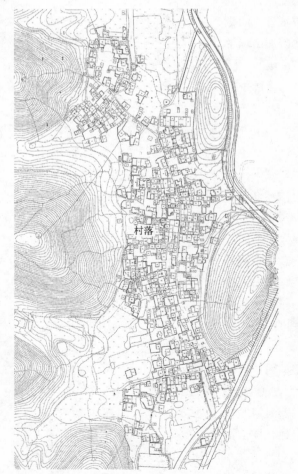

图 2-1-3 两山间的村落

山体形成内聚空间（图 2-1-2），周边的山地是村民主要的劳作场所，他们在山上栽培、收获着茶、果；当中平坦之地用作居住的地方，村头宅旁也有零星农地，其间种植的粮食、蔬菜满足了村民日常生活所需，山坞开口成为村落与外界交通的孔道。

两山相夹的谷地往往有地表径流形成的小溪，山水相伴，环境良好。与山坞中的村落一样，村民们在山上辟有林地，村边垦出菜园。村中主路贯穿村庄，连通着山谷的两端，民宅则延道路分布，其间形成联络各家的小巷（图 2-1-3）。

二、市镇

过去介于州县与乡村之间的市镇，其兴起虽说主要缘于经济的发展，但它们的位置与形态同样会与自然环境相联系。

由于江南地处水乡，各种水体成了交通、运输的主要孔道。与四乡及州县距离合适的"丁字港"、"十字港"或"双十字港"最初是自发形成商品交易的"村市"，随着商品交易规模的扩大，过去临时前往的行商渐渐转化成常驻于此的坐商，政府部门的税收官吏也有了派驻机构。于是在行政区划调整之后，市、镇形成介于州县与乡村之间的建制。而市镇的中心通常就是河港交汇处发展起来的繁华街市（图 2-1-4）。

尽管江南水乡能够形成市镇的河港并不少见，但并非所有的"丁字港"、"十字港"或"双十字港"都会形成市镇。因为市镇过密会带来激烈的竞争而使商业发展受阻。为方便四乡村

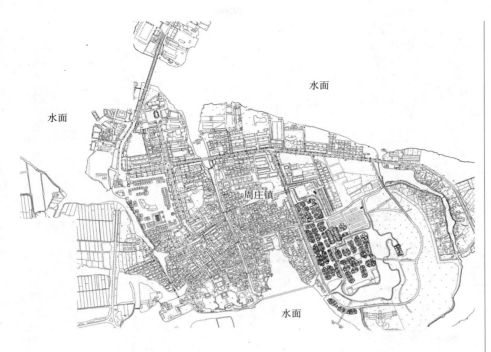

水面

水面

水面

周庄镇

图 2-1-4 苏州地区的传统市镇

民农副产品、手工产品的交易，通常会依据居民交易行为的习惯、方式，在商品经济的作用下形成市镇网点。即在当地以船只作为主要交通和运输工具的年代，能够保证农村民众生产的产品赶在早市或午市进行交易，且能当日返回的船行距离往往成为市镇的间距，从而形成了大约15km间距的常见市镇分布。

三、城池

自秦汉之后，州县就成为地方的政治、经济、文化中心，其最为直接的选址考量是便于统治和管理，当然其中也很大程度地包含了自然因素，比如在有可能的前提下，选择地势起伏不大的地方以方便居民的生活；能够靠近河道则能解决居民的用水及通行。虽然有时变化较大的地形可以对防御带来帮助，但在人们发明了城墙、堑壕等构筑物后，便利就成了城池选址最先考虑的问题。地处平原水乡地带的苏州地区，城池的选址主要是以地理区位作为考虑的首要条件。

相传在殷商末年周族的泰伯、仲雍来到江南，定居于梅里（一说在今无锡的梅村，另一说在今常熟的梅里），建立了勾吴古国。传至二十余代之后，到春秋晚期，吴国与中原诸侯间的交往日益密切，出于开疆拓土、与诸侯争雄的要求，吴王阖闾在今天的苏州建立都城。在之后的两千五百余年中，因地理区位的适宜，城池位置始终未变（图2-1-5）。

苏州所辖县城的设置年代各不相同，如常熟之地在西晋始置海虞县，南北朝时期在县治之地设南沙城（即今福山），之后海虞县更名常熟，唐初常熟县治移至海虞城即现之虞山镇。昆山则于秦始皇统一全国后置县，称娄县，县治在今昆山城中心东北3里处，西汉改为娄县，南朝梁大同年间改名昆山。考察这些郡（州）县治所（城池）变动的原因往往可以发现，主要缘于管理的需求和行政区划的调整。

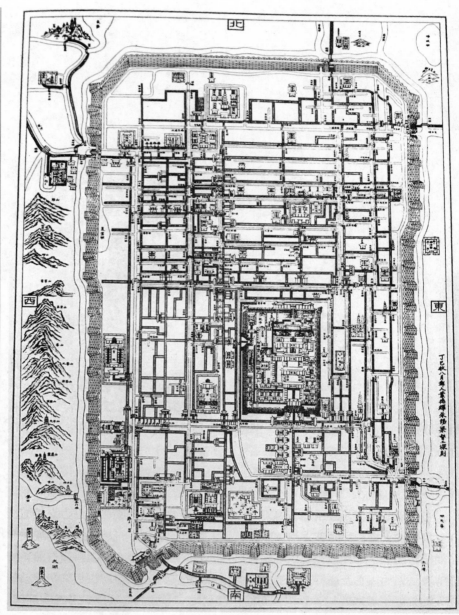

图 2-1-5　古城苏州

第二节　风水理论的影响

　　随着定居生活的持续，人们在长期的生活实践中对自然环境与生活、生产的影响的了解逐渐深化，只是在我们祖先独特的"横向联系"的思维方式之下，将他们对自然的理解、对生活的憧憬、对未来的预测、对灾难的恐惧等融为一体，形成一套内容庞杂的"风水"理论，而这套理论又反过来作用于自己的居宅选址、建筑营造活动（图 2-2-1、图 2-2-2）。

一、风水理论的演变

　　风水古称堪舆，是一种校察地理的方法，其形成由来已久。早在我国有较为完整体系的文字——甲骨文出现之际，就有了"卜宅"的记载。尽管所指的

图 2-2-1　风水典籍《绘图鲁班经》

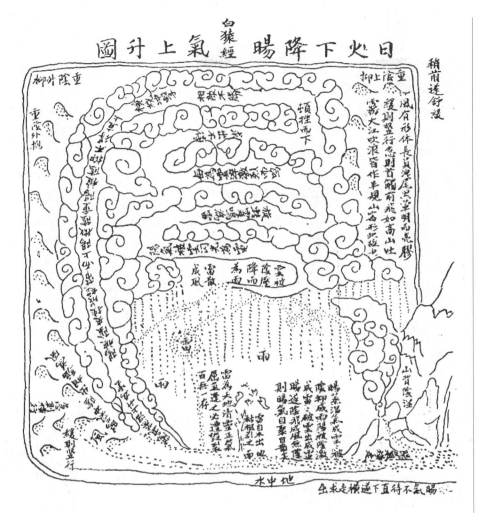

图 2-2-2　风水图

标准的阳宅示意图

图 2-2-3　理想的"风水形式"

"卜宅"有时只是一种"择日"，或非相地，但希望预测未来，达到趋吉避凶的目的是一致的。时至汉代《汉书·艺文志》已收录了《堪舆金匮》和《宫宅地形》等风水著作，可以认为当时已有人将流行于社会上的相宅、卜宅等方术提升到了比较完善的风水理论层面。

然而，风水只是人类在自身发展的早期岁月中产生的精灵说、宗教说解释，尚不具备科学性，因而随着社会的变迁，风水理论也在不断地进行调整，风水师们或对山形地势进行深入阐释，或对阴阳生克予以分析研究，自魏晋以降风水术兴旺发达，其著述也多不胜数，若归纳起来，大致可分为形势、理气、命理三大流派。

二、风水理论的内容

所谓"形势"主要为择址选形之用，注重觅龙、察砂、观水、点穴、取向等以辨方正位（图 2-2-3）。

风水师将大地看作一个有机体，认为大地各部分之间是通过类似于人体的经络穴位相贯通的，"气"则沿着经络而运行，并聚集于穴位。因此，考察山脉的走向、形态、结构等就成为寻找"吉地"的最重要的一步。由于山脉在形态上与龙相似，所以风水学把山脉比喻为龙，把山脉的延绵走向称作"龙脉"，把对山脉的起止形势的考察称作"觅龙"。风水学中有"寻龙捉脉"、"寻龙望势"

的说法，都是指觅龙的过程。

砂泛指周围的环卫诸山，反映山岭的群体关系。风水学认为，仅有"龙"还不能成为吉祥之地，"龙"的周围还需要各种"砂"来拱卫和呼应，如果没有"砂"，"龙"就很难聚纳生气。察砂就是对将选之地的周围山岭予以考察。理想的环境前后左右要有以"四灵"或"五行"喻义的砂山配置，而砂山因端庄、秀丽被认为是吉地。

在风水理论中，水被认为是关键因素之一，是龙的血脉，山水相伴而行。来水处是龙的发脉，水尽处龙亦尽。此外，水还有气的作用，水飞走则生气散，水融注则生气聚。水曲则财禄聚，水直则贫病现。水来的一边称天门，其地形应开阔宽畅，水流不宜直射；水去的一边称地户，地势当高障紧密。水道弯曲，不宜直流，以看不见水去为佳等，因此观水也被看作风水布局中关键的环节之一。

选址的最终结果往往指向某一区域——吉地，而"穴"则是这块区域中的最佳之处。风水师认为，生气将从"穴"中冒出。"点穴"就是指在综合考虑了山水状况之后，准确地找到山环水抱的这块区域中"龙"、"砂"、"水"等种种景象最为完美的某点。但即便是风水师也感到点穴并非易事，故有"三年寻龙，十年点穴。先看龙脉明堂，再确定穴位。差之毫厘，谬以千里"之说。

依据上述方法，固然可以在山岭地带找到山环水抱的"风水宝地"，然而从生活的便捷角度说，一马平川似更吸引人们定居，更何况风水师们并不认为居住在同一聚落的人会有相同的运数，因此又提出了"理气"之说。

理气所注重的是阴阳、五行、干支、八卦九宫等相生相克理论。因为在风水师看来，虽说山水形势至关人们的祸福，但"若大形不善，内部得法，终亦得吉"。于是将寻找理想的山水风水转变为追求居宅外形的完整，讨论人与宅的福元联系，研究大门、主屋以及厨灶的生克，甚至还有镇宅符咒等，原本较为简单的聚落选址变得复杂而神秘了（图2-2-4）。

当然，或许是在一定的城市、村庄等聚落中，要寻觅一处"四神相应"的风水宝地实非易事，也有将这些让人眼花缭乱的风水术予以简化的，甚至最后将阳宅凶吉归结到门路，说什么"宅无吉凶，以门路为吉凶"，"大门吉，全宅皆吉"，"大门当安于本命四吉方，不可安于本命之四凶方"等（《八宅明镜》）。

三、风水与传统建筑

风水之术日趋复杂和神秘，固然在于"风水宝地"的难觅。就我国无数的各级城市而言，能够得上理想质地的实在是屈指可数，即便是被认为"钟山龙蟠，石城虎踞"，有"真帝王之都"之称的南京也被指为"奈何城垣气多泄"，而"天地间好个大风水"的北京，也未真正成为"万世帝王之都"。何况风水之说往往与现实人伦有着较大的距离。在历史上也不断有人对风水之说予以诘难。如东汉王充在《论衡》的《四讳篇》中对于"宅不西益"论的批驳；《讥日篇》中对下葬选择时日的批驳；《诘术篇》中对以"五音"、"五行"与居宅关系的批驳。元代赵汸的《风水选择序》提到，"风水选择，术数也。……今之君子，多拒而不信，或是为末节而不为"。我们熟悉的明代计成的《园冶》中更是提

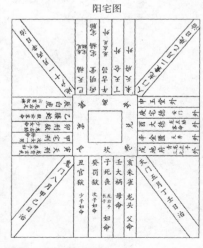

阳宅图

图2-2-4 "八宅"之一

到了"选向非拘宅相，安门须合厅方"、"构园无格，借景有因。切要四时，何关八宅"。此类记载还可以找到不少，可见在古代的风水之术未必能获有识之士认同。

苏州的前身阖闾城兴建于平原水乡，西南虽有低山丘陵，但相距甚远。当年筑城首先是"相土尝水"，采用"象天法地"的方式营建了"周回四十七里"的大城。开"陆门八，以象天八风，水门八，以法地八聪"。千余年后的隋开皇十一年（591年）曾一度将当时的州治迁至南侧横山（今七子山）东，建"新郭"，但不久，即在唐武德七年（624年）即将州治迁回故城。苏州城迁徙的原因仍主要在于自然环境和管理需要。

然而，风水之术之所以在我国的流传源远流长、影响深远，根本的原因是人的命运难以把握，且不说在自然灾变和社会动荡面前表现出无能为力，即便是日常的偶发事件有时也会影响到生存安危，因此有人开始通过天文、历法、地理、气象等知识，运用我们祖先所具有的横向推衍式思维特质，以哲学、方术的形式来预测未来，以期来改变自己的命运。在风水师们危言耸听的蛊惑下，那些被认为可以决定或改变个人、家族命运乃至王朝兴衰的方法就有了广泛的市场。在"宁信其有，不信其无"观念的作用中，包括风水在内的各种"术数"就在人们的日常生活中留下深浅不同的"刻痕"。

其实，风水是一种禁忌，是人们在自身发展过程中因逐渐形成的对神圣的、不洁的或是危险的事物所持态度而形成的某种禁制。人们出于自身的功利目的，从心理上、言行上采取防卫措施，之后又在社会发展中对原始的鬼神禁忌、祖先崇拜作出繁琐的规定，并被制度化、礼仪化。因此，风水理论作为传统文化，其中蕴涵着丰富的内涵，而将其当作科学，甚至是原始科学都将有待商榷。只是因在长期的古代社会中风水也和其他传统文化一样，被积淀在了这一物质载体之上了，所以对于传统建筑的研究也就必然要涉及古代的风水之术（图2-2-5）。

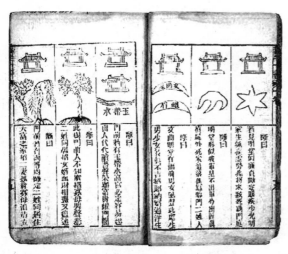
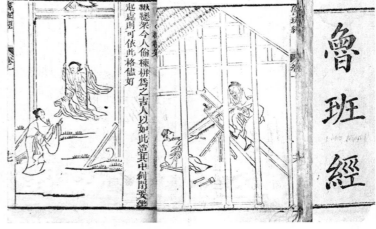

图2-2-5　风水对传统建筑的影响

第三节　营建活动的仪典

　　无论是城池的兴建还是房屋的修造，对于经营、使用者都是一件非常重要的事情，因此人们会倍加重视，尤其是在营造工程中，各个不同的节点需要特别关注，久而久之就形成各种相应的仪典。

一、辩土

　　辩土原是选址过程中的一个步骤。在进入定居社会之后，农耕是当时主要的生产方式，为保证经过耕作能够获得应有的收获，需要对定居点周边的土地进行考察，了解土地的非离、墒情（《吕氏春秋》卷二十六，士容论　辩土）。因而阖阊城兴建前的"相土尝水"与其说是对城址的考察还不如说是对于今后能否集中容纳更多居民的调查。随着时间的推移，辩土的原始含义渐渐被淡忘，而风水师们又将其赋予了神秘的含义，于是有了"辩土"、"称土"等仪式。

二、择日

　　"择日"主要是选择所谓的良辰吉日，由于对灾祸的恐惧和对幸运的憧憬，古人对于生活中的特殊日子，无论婚丧嫁娶，还是安床架或出行祭祀等会特别关注。造房建宅作为重大活动，当然也必须对时日有所选择，以避免不吉事件的发生。

　　营造活动中需要择日的节点极多，如起工动土、入山伐木、定礎扇架、竖柱、上梁、盖屋、泥屋等都需要选择良辰吉日，其中尤以动土和上梁最为重要。早先对入山伐木也颇重视，但在明清之后，苏地的建筑木料已经商品化了，因而这一节点的重要性渐渐减弱。

　　兴造择日是依据阳宅座向分金，选择大利方，主人等家人的四柱八字或属相利方，选择天德、月德、天德合、月德合、天赦、天愿、月恩、四相、时德、三合、开日。宜己巳、辛未、甲戌、乙亥、乙酉、己酉、壬子、乙卯、己未、庚申日。忌月建、土府、月破、平日、收日、闭日、劫煞、灾煞、月煞、月刑、月厌等时日。

三、动土

　　营造活动中阳宅开挖的第一锹土谓之"动土"，而阴宅称作"破土"。动土是建筑工程的开始，所以须格外讲究，不仅有时日的选择，还需考虑动土的方位。如今依然为人们熟悉的俗语"太岁头上动土"，即由古代匠师中流行的种种禁忌而来，意为自取祸殃，其严重性可见一斑。

四、破木开柱

　　破木是指梁柱等大木构件的加工。梁柱加工，需要先画定榫卯位置。早期在划线时除了使用木尺之外还要用紫白尺予以校正。所谓"紫白尺"有一白、二黑、三碧、四绿、五黄、六白、七赤、八白、九紫九个刻度，而所有尺寸位置都需落在白星之内方为吉利，称之为"压白"。后来受"大门吉，全宅皆吉"观念的影响，将吉祥尺寸都集中到了门上，专门用"门尺"来确定其宽窄，而其他构件渐渐不再过分讲究，且在大部分木构件的划线中使用了成套的"六尺杆"，从而使木构件的加工效率大大提高。

五、上梁

上梁主要是指传统建筑上的正间脊桁安放就位，此时已是房屋构筑的"结构封顶"，因此借着梁的作用来联络建筑与人伦、神灵之间的关系。

图 2-3-1 上梁祭品

上梁与所有的传统营造工程节点一样，需要择日，若家人生辰与上梁时辰相冲，必须避讳。在梁的下方中央部位通常要绘制八卦，以避邪制煞、镇宅平安，而绘图时也必须择日斋戒，希望用虔诚的心态让八卦图形充分发挥其避邪制煞、镇宅平安的作用。上梁之前还必须进行隆重的祭神仪式，祭品须有"全猪"（即用猪头一、猪尾一，代表全猪），俗称"利市"，还有鱼、鹅、豆腐、蛋、盐与酱油等五色或七色，用木制红漆祭盘，置于供桌上端，其他菜肴二十四碗及南北果品十二盆（图 2-3-1）。贴在黄表纸上写着"上梁欣逢黄道日，立柱巧遇紫微星"之类的对联。梁端挂红绸，红绸下各垂铜钱一枚，取"平安和顺"之意。

正梁（正间脊桁）在最后加工前可随意放置，而在上梁前的最后一遍加工也需要择吉祥的"动斧日"，按"压白"尺寸进行，自此此梁已不再是凡俗之物，若制作后尚未到上梁时日，还须寄放在清净处，中央以红丝线绑"大百寿金"，两末端用红纸圈起来。

图 2-3-2 祭祀神主

上梁时木工师傅们要"拜梁"，祈请众神、三界地主、五方宅神、鲁班先师、梁神等作主（图 2-3-2）。请神后把作师傅用朱笔点梁的两端，称"点梁眼"，然后是诵唱"上梁文"的仪式，以祈求根基牢固，诵祝房舍平安长久。祝诵完毕请两位属龙和属虎的工匠配合将梁抬升，在将正梁升起时，参加仪典的会齐声呐喊，直至就位、装配完成。之后将带上去的糕、馒头下抛，众人抢拾，仪式达到高潮。

早期的建房过程中原本还有很多仪式，如前所述的动土、立中柱、上梁、立门、竣工等，动土奠基在最初的重视程度甚至超过其余仪式，但随着社会的变迁，各种仪式都有所变化，到古代社会的中晚期，上梁仪式渐被人们视为建房过程中最重要的礼仪。

第三章　苏州民居空间构成

第一节　苏州民居建筑的类型选址

由于物产丰盛、人杰地灵、经济发达，苏州很早就成为人口聚集之地。随着当地人口越来越多，达到一定规模以后，人们对于建筑的需求也会越来越多，越来越细，这必然使得建造的建筑种类也越来越丰富，以满足各种不同的功能需求。苏州作为一个人口密集的地区，在明清时期曾拥有衙署、寺观、祠祀、店铺、作坊、民居等不同类型的建筑。然而，我国古代，在漫长的历史发展进程中，建筑的用途不是一成不变的，如"舍宅为寺"、"占寺作宅"等，此外其他建筑为民居的现象也时常发生，正因为有了这种变化，所以很难按照建筑最初或后来的功能用途来探讨它们的形制。

尽管如此，我们却可以依据建筑的等级来探究苏州当地各类建筑的形式与构造。因为在我国封建等级森严的古代社会，建筑也不可避免地被刻上了等级的印记。社会严格限制不同的社会阶层所能营建的建筑规格和形制，不允许随意逾越，并且各种等级的建筑的结构方法往往有着较大的差异。

在苏式建筑中，依据等级划分，一般可以分为三类：殿庭、厅堂和平房（图3-1-1）。其中，殿庭的等级最高，尺度较大、结构复杂、装饰华丽，相当于清代官式建筑中的"大式建筑"或者宋《营造法式》中的"殿堂"，通常不作普通民居之用，主要用于衙署、大型寺观以及一些纪念先贤的祠祀之中；厅堂较殿庭规模稍小，结构也略微简洁，但仍有一定的装饰，接近于宋《营造法式》中的"厅堂"，通常为富裕之家用作应酬、居住之处或宗祠祭祀之所；平房是等级最低的一类，但也是最为普遍的一类，是指那些规模较小、结构简单、不用或极少使用装饰的建筑类型，与清代北方的"小式建筑"相似，而并非单指苏州地区单层建筑的"平房"，大量的普通民居建筑多是平房，也有被用于普通店铺作坊等建筑中的（图3-1-2）。

图 3-1-2　苏式建筑的等级划分实例

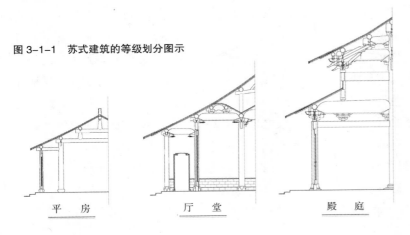

图 3-1-1　苏式建筑的等级划分图示

平房　　　厅堂　　　殿庭

在我国，各地的传统建筑，通常都由数幢、十数幢乃至数十幢大小各异、形式不同的单体建筑组合而成，形成组群来表达建筑组合关系，在组群中，通过明确建筑的主次关系与变化，突出主体建筑的地位，以展示其艺术性。与此同时，也会考虑建筑总体的经济性，会在高等级的建筑组群中使用一些低等级的单体建筑作为陪衬和附属建筑，从而大大丰富建筑组群的造型变化，因此我们常能在一些具有一定规模的建筑组群中见到各种不同形式的单体建筑。当然，反之，在低等级的建筑组群中冒用高一等级的单体建筑也是决不允许的。

苏式建筑的单体形象按屋顶类型可分为四合舍（近似于庑殿）、歇山、硬山和悬山等形式。其中，四合舍的等级最高，如今在苏州仅存文庙大成殿一处；较四合舍次一级规格的是歇山顶，在一些大型寺观中至今仍可见到，如玄妙观的山门和三清殿、西园寺的天王殿和大雄宝殿等；规格上更次一级的是硬山建筑和悬山建筑，其中硬山建筑在民居中最为普遍，这是因为自明代起制砖业逐渐普及，砖墙开始被允许使用于一般的民居，因而硬山建筑被广泛使用，而悬山建筑由于屋面从两侧挑出山墙，可以保护山墙免遭雨水的冲刷，因而过去常被用于乡村贫民的泥墙草顶住宅，但随着社会的发展，泥墙草顶建筑逐渐消失，悬山建筑也随之减少，现在已再难见其形貌了。

在苏州民居及其附属宅园内的建筑，按用途可以区分为殿宇、厅堂、楼阁、杂屋、塔幢以及亭、廊、榭、轩、斋、馆、舫等类型，其中，有的单体建筑之间仅有构造上微小的差别，例如，厅与堂仅是梁架木料断面上有区别，苏州地区将梁架使用矩形断面木料的称为厅，而使用圆形断面木料的叫作堂；又如楼与阁，主要差别在于出檐椽的长短不同，楼的出檐椽较长，而阁的出檐椽较短；再如，水榭与水阁的差异仅在水榭为临水而建，水阁为悬挑于水面而建。而轩与榭的构造则大致相似，其区别在于轩立于山间，榭建于水际。此外，苏州众多的亭则是另外的特色，虽有着一样的名称，其结构与做法却又多种多样、各有不同。

第二节　苏州民居建筑的组群布局

我国的传统建筑虽都是单体形制，但在实际应用中，往往都由数幢、十数幢乃至数十幢大小不同、形式各异的单体建筑组合而成，在苏州的民居建筑中，同样也存在着各种不同的布局组合，形成了苏州民居整体的格局特色。

单幢三开间的泥墙草顶建筑在民居中是最为简陋的，过去在农村地区广大的贫苦阶层中曾普遍存在，其中间为门间，两旁为卧室，炉灶、厨房常位于门间后部。这种建筑形式随着经济的发展和社会的进步，已经看不到了。经济稍微宽裕一点的人家将泥墙草顶建筑改为砖墙瓦房，布置与之十分相近，只是往往在前临街巷处辟出一些空间作为天井，后部则紧靠河道或设置菜地。这类民居如今已不多见（图3-2-1）。较之再大一些的民居则在房前增加厢房，有的仅在一侧建有厢房，有的则两侧均建有厢房，并结合围墙构成前院（图3-2-2）。正房及厢房可能是单层平房，也可能是两层楼房，是楼房的那种形式逐步演变成了近代极富特色的石库门建筑。在农村地区，通常会在正房之后连以猪圈禽舍等，并围以围墙成为后合院。如果在前合院、厢房之间增加门间，就变成了

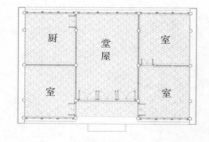

图 3-2-1　单幢三开间建筑

图 3-2-2　带前院民居建筑

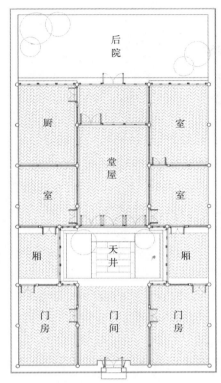

图 3-2-3　两进四合式院落

图 3-2-4　横向三合院建筑

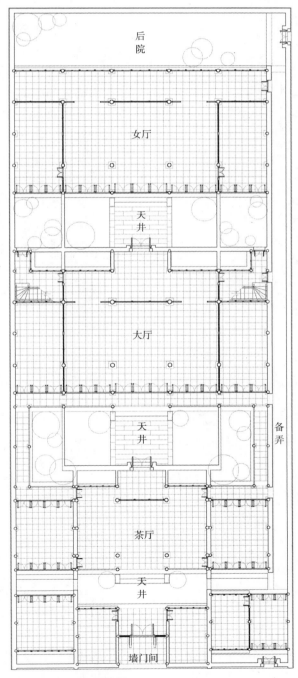

图 3-2-5　多进民居建筑

两进四合式的院落（图 3-2-3）。横向三合院的形式通常在一些侧面临南北向街巷的建筑中出现，前后两进，一侧连以厢房，另一侧筑有围墙并开门，使之成为全宅的出入口（图 3-2-4）。在城区的中心地带等临街用地紧张的地方，常临街建造二层的建筑，如果基址狭窄，通常形成单栋楼房前面街巷、后临河港的建筑形式，其底层面街一侧被用作店铺或手工作坊，临河一侧则为厨、厕、储、藏等辅助用房，楼层被用于居住。若进深有空间，则可以连两、三榀屋架或布置院落，以扩大建筑面积。

规模更大些的住宅则采用沿轴线布局的形式，形成门屋、圆堂及楼厅三进建筑。圆堂为主人接待客人之所，楼厅则用于家眷的生活起居。通常楼厅两侧都带有厢楼，以便增加居住面积。在苏州地区，有些小则庵的建筑布局与前述住宅非常类似，所用的单体建筑及群体布置并无太大的区别，只是将门屋改成山门，圆堂变为大雄宝殿，而楼厅下层供奉观音，上层则贮藏经书。据此推测，这些小庵、寺观也许当初就是由某些民居的主人舍宅而成。

大型住宅则沿轴线布置更多的房屋，前后形成五进或七进的布局形式，由前至后依次由门厅、轿厅、大厅和楼厅等组成（图 3-2-5）。苏州民居至多也只七进为止，未见更为进深者，主要是由于苏州地区为江南水乡，街巷与河港并行交错，其间的空间往往难以进一步向纵深扩展。当然，这也有方便使用的考虑。如果主轴已经充分利用,但建筑仍不敷使用,则会在主轴线的两侧增加次轴线,其间用上有屋顶的夹道相连,这种夹道被叫作"备弄"。在苏州地区,主轴线称为"正落",次轴线称为"边落",边落通常布置书房、花厅、次要住房、厨厕、库房及杂屋等。在这样的民居建筑中,前后进房屋都有狭长的天井分隔,天井均呈东西走向。全宅的中心是大厅,主要用来举行婚丧庆典及接待宾客,是主要的对外接待空间。厅后设库门,以区分内外,大厅后的楼厅都为二层,两侧设有厢楼,通常进数最多不超过三进,具体则根据需要确定。前后楼厅常用被称作"走马楼"的走道兜通。也有将边落楼房一起用走道相连贯通的做法,如市区小新桥巷旧刘宅(耦园)(图3-2-6)。在楼厅之后筑有围墙,并设置后门。如在民居密集地段,若宅后临河道,则将后门跨河设置,河上架暖桥——即上面盖有屋顶的小桥。有些等级较高、规模较大的住宅,常会在门厅的对街设置照墙。

苏州的一些衙署在平面布局上与大型民居较为接近,主要是前部的大堂略有不同,多沿用宋代以前的"工字殿"形制,即前后设有两进厅堂,厅堂正间用穿廊相连,形成"工"字形平面布局,如城隍庙的工字殿、太平天国忠王府的工字殿等。太平天国忠王府,原是明代的府宅及园林,坐落于娄门内的东北街上,保存较完整,清末太平天国时被改造成忠王府,其建筑等级得到提高。之后又先后作为八旗奉直会馆、李鸿章的巡抚行辕,因而使得衙署的规制得以一直保持。忠王府的正落前为大门、仪门,入仪门为宽广的石板天井,两庑分列左右,尽头设三进大堂,前两进合为工字厅,后一进为后堂。其后是著名的拙政园,因此其他的附属建筑被安排于两侧的边落上(图3-2-7)。

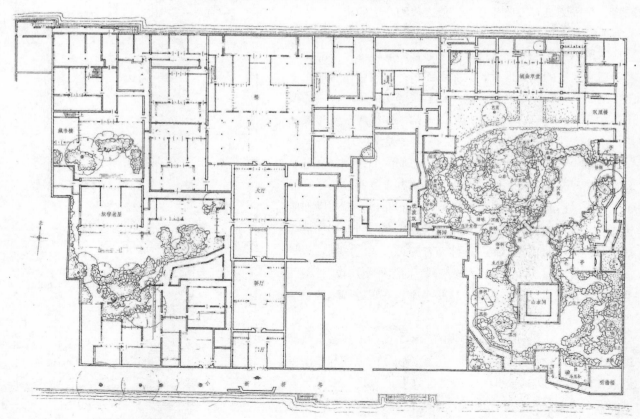

图3-2-6 小新桥巷旧刘宅(耦园)

图 3-2-7　苏州忠王府

第三节　苏州民居建筑单体尺度权衡

苏州地区的传统单体建筑通常都为矩形平面，只有园林中的亭构形式多样，常见的有正方、六边、八边、扇形等。苏州民居单体建筑均为矩形平面，其长度方向称"宽"、"面宽"，其中又为梁架分割形成间架，两榀屋架之间称为"一间"，垂直于开间方向为"进深"，进深以相邻的两根桁条的水平投影距离为单位，称为"界"。苏州地区建筑一般都是三间或五间，称作"三开间"或"五开间"，其当中一间称"正间"，两侧为"次间"，紧靠山墙的间，硬山建筑可称"边间"，而四出坡顶的建筑则称作"落翼"（图 3-3-1）。有时一些厅堂建筑的面阔因实际需要会超过规定，须在边间前面的天井中增设两道塞口墙，且其屋顶的正脊也要在边间之上断开。苏地的平房建筑进深多为六、七界，而杂屋及一些园林建筑有小于七界的，厅堂及殿庭往往又大于七界。"正贴"即山墙以内的梁架，通常采用抬梁式的手段，减少室内柱子落地的数量，使室内空间能无障碍地充分利用。大梁一般长四界，其下有步柱支承，这一部位称"内四界"。其前常会再连以一至二界，在厅堂或殿庭建筑中，内四界前常用"翻轩"，尽管在平房前的檐柱与步柱间并非翻轩，但仍称之为"前轩"。内四界后通常还有两界的进深，则被称作"后双步"（图 3-3-2）。苏式建筑中的"边贴"，即紧靠山墙的梁架，都将脊柱落地，这样可以减小梁柱等构件的断面尺寸，从而提高建筑的经济性（图 3-3-3）。

图 3-3-1　面阔与进深（左）
图 3-3-2　建筑前后各部分名称（右）

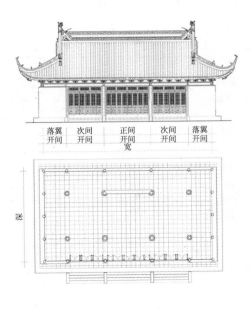

落翼　次间　正间　次间　落翼
开间　开间　开间　开间　开间
　　　　　　　宽
深

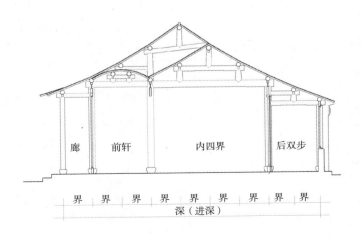

廊　前轩　内四界　后双步

界　界　界　界　界　界　界　界　界
深（进深）

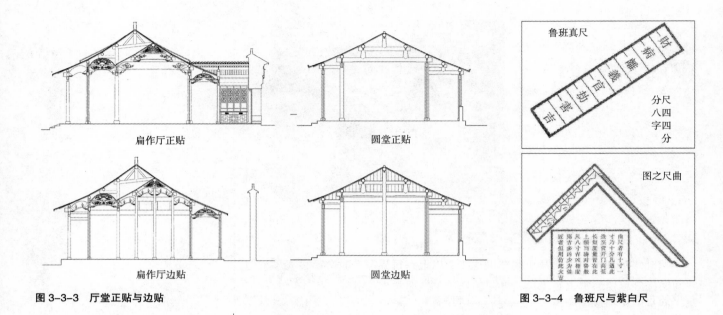

图 3-3-3 厅堂正贴与边贴　　　　　　　　　　　　　图 3-3-4 鲁班尺与紫白尺

（图中标注）扁作厅正贴　　圆堂正贴　　扁作厅边贴　　圆堂边贴

鲁班真尺　分尺八四字四分

图之尺曲

一、开间和进深

苏式建筑的开间和进深的具体尺寸通常依据使用的要求来确定，同时还受到木料长度、规格、建筑等级制度以及门尺制度等的影响。由于建筑材料原木本身的生长特性，其长度受到一定的限制，而且其粗细也上下不同，考虑到承受荷载的要求，必须保证木料最小截面积能满足受力的要求。而作为商品的原木，在砍伐之时就分出规格等级，所以建筑的相关尺寸就会在经济条件允许的前提下，按建筑的等级高低和木料的规格进行确定。此外，受传统迷信思想的影响，建筑开间的尺寸需采用当地特有的"鲁班尺"（曲尺）与"紫白尺"（鲁班真尺）配合量度（图 3-3-4）。鲁班尺是苏州地区的营造用尺，它既有异于过去的官尺，也与北方的营造尺不同，其长度一尺等于 27.5cm；紫白尺是与鲁班尺配合使用的木尺；在建筑上主要用于度量门宽，一尺等于一点四鲁班尺，等分为八份，其上标有凶吉，考虑建筑面阔时，须使门宽符合紫白尺上的"官"、"禄"、"财"、"义"等吉字尺寸。鲁班尺与紫白尺的使用，使得一些相同等级的建筑因屋主身份的不同，而出现微小的尺寸差异（表 3-3-1）。

鲁班尺与公尺（mm）换算表　　　　　　　　表 3-3-1

—	0	1	2	3	4	5	6	7	8	9
0	—	27.5	55.0	82.5	110.0	137.5	165.0	192.5	220.0	247.5
1	275.0	302.5	330.0	357.5	385.0	412.5	440.0	467.5	495.0	522.5
2	550.0	577.5	605.0	632.5	660.0	687.5	715.0	742.5	770.0	797.5
3	825.0	852.5	880.0	907.5	935.0	962.5	990.0	1017.5	1045.0	1072.5
4	1100.0	1127.5	1165.0	1192.5	1210.0	1237.5	1265.0	1292.5	1320.0	1357.5
5	1375.0	1402.5	1430.0	1457.5	1485.0	1512.5	1540.0	1567.5	1595.0	1622.5
6	1650.0	1677.5	1705.0	1732.5	1760.0	1787.5	1815.0	1842.5	1870.0	1897.5
7	1925.0	1952.5	1980.0	2007.5	2025.0	2062.5	2090.0	2117.5	2145.0	2172.5
8	2200.0	2227.5	2255.0	2282.5	2310.0	2337.5	2365.0	2392.5	2420.0	2447.5
9	2475.0	2492.5	2530.0	2557.5	2585.0	2612.5	2640.0	2667.5	2695.0	2722.5
10	2750.0	2777.5	2805.0	2832.5	2860.0	2887.5	2915.0	2942.5	2970.0	2997.5

（备注：此表由鲁班尺转化为公尺，表内数目以 mm 为单位）

在苏州民居建筑中，平房正间宽大多为一丈二尺或一丈四尺（约3300mm 或 3850mm），次间与正间相同或较正间减二尺，一般取一丈二尺（约3300mm）。其进深每界通常都是三尺半（约950mm），故六界的建筑共进深二丈一（约5800mm），七界进深二丈四尺五（约6800mm）。

较大的厅堂类建筑的正间宽达一丈四到二丈（约3850～5500mm），以二尺为一递进等级，次间较正间减二尺，边间与次间相同或再减二尺，有落翼的其落翼阔等同廊轩之深。厅堂建筑由于可以选用不同的廊轩草架形式，所以其每界之深并非完全一致，一般以五寸为一递进等级。其中前廊深三尺半至五尺（约950～1400mm），轩深六尺到一丈（约1650～2700mm），通常分作二界，内四界每界深四到五尺（约1100～1400mm），后双步每界深三尺半到四尺半（约950～1240mm）。

殿庭建筑规模更大，其正间宽可达二丈以上，每界深有时会超过五尺，但开间的递进单位通常也是二尺，界深的递进单位通常也是五寸。

此外，正如前面所说，由于存在着迷信成分，所以旧有的建筑的开间尺寸要用鲁班尺与紫白尺相配合，常常会在上述尺寸的基础上再加一定的所谓吉祥尺寸。

二、建筑组群的檐口高度及天井进深比例（图 3-3-5）

（一）檐口高度

苏式建筑通常以正间面阔的 8/10 来确定檐口的高度，但在实际操作中还会根据具体情况具体对待，例如一些较小规模的平房，由于进出的使用需要，其檐口高度不能低于一丈；又如厅堂无牌科时，其檐高以面阔的8/10 为准，有牌科时则还须增加牌科的高度；再如殿庭的檐高需按正间面阔一比一确定。而在楼房中，则以单层建筑的檐高作楼面高度，上层高度以底层的七折计算。

对于大型府宅的檐口高度，在苏地匠人中有如下的规定："门第茶厅檐高折（茶厅照门楼九折），正厅轩昂须加二；厅楼减一后减二，厨照门茶两相宜；边傍低一楼同减，地盘进深叠叠高；厅楼高止后平坦，如若山形再提步；切勿前高与后低，起宅兴建切须记；厅楼门第正间阔，将正八折准檐高。"

从上述歌诀可以看出，在苏州的住宅中，需要将"地盘进深叠叠高"，这在苏州地区被称为"步步高"，即由前至后将每一进阶台逐渐抬高，然后再以每一进建筑正间面阔的 8/10 确定其檐口高度，使得建筑越往后越高，这样在实际使用中有利于后进居住部分的采光和通风（图 3-3-6）。

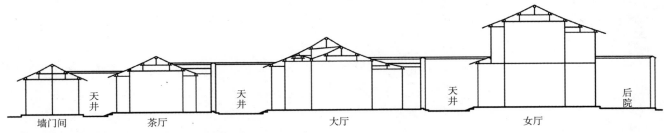

墙门间　茶厅　天井　大厅　天井　女厅　天井　后院

图 3-3-5　建筑组群的檐口高度及天井进深比例示意

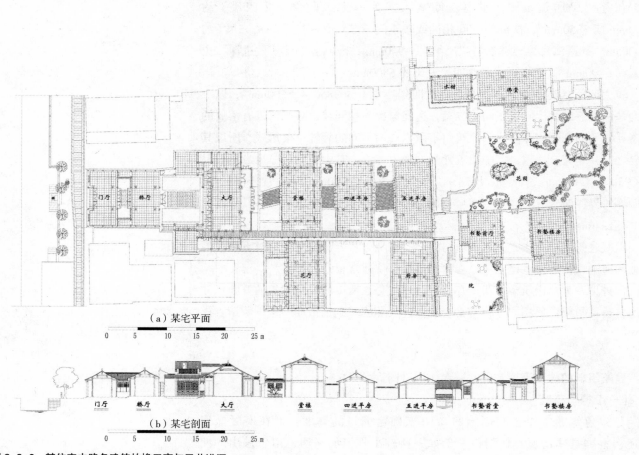

（a）某宅平面

0　5　10　15　20　25 m

（b）某宅剖面

0　5　10　15　20　25 m

图 3-3-6　某住宅中路各建筑的檐口高与天井进深

（二）天井进深比例

苏州民居中天井的进深比例也遵照一定的规定，如住宅："天井依照屋进深，后则减半界墙止；正厅天井作一倍，正楼也要照厅用；若无墙界对照用，照得正楼屋进深；丈步照此分派算，广狭收放要用心。"殿庭则有"一倍露台三天井，亦照殿屋配进深；殿屋进深三倍用，一丈殿深作三丈"等说法。按歌诀中所说，住宅中两进建筑间的天井与后进的进深相等，最后一进建筑，其后的天井到界墙为房屋进深的一半，如有对面相向的对照厅，则天井进深为原先的两倍。殿庭之中正殿前如没有露台，其天井深是正殿进深的三倍；若有露台则还要增加露台的进深，露台深则与正殿相同。在早期建筑用地较为宽裕的时候，每进建筑间的天井深基本能遵照上述规定执行，但随着用地的减少，住宅受用地限制影响，其天井深往往被大幅缩减，而这常使得建筑的采光及通风受到影响。

三、提栈

在我国传统建筑中，其坡屋面并非一个平整的斜面，而是一个曲面，屋脊处较陡，下到檐口处则逐渐平缓。这一现象的形成主要源于建筑木构架的特殊处理，宋代建筑采用"举折"方法（图 3-3-7），清代官式建筑采用"举架"方法（图 3-3-8），而苏州的传统建筑则采用"提栈"方法。这三种方法都能

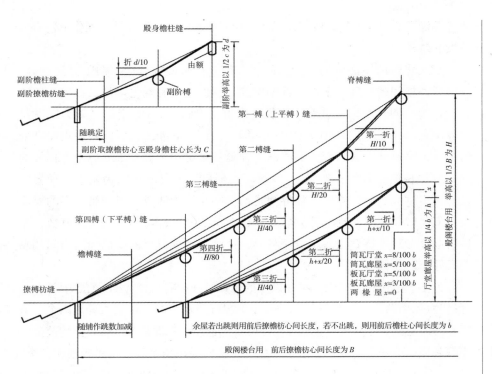

图 3-3-7 （宋）举折之制

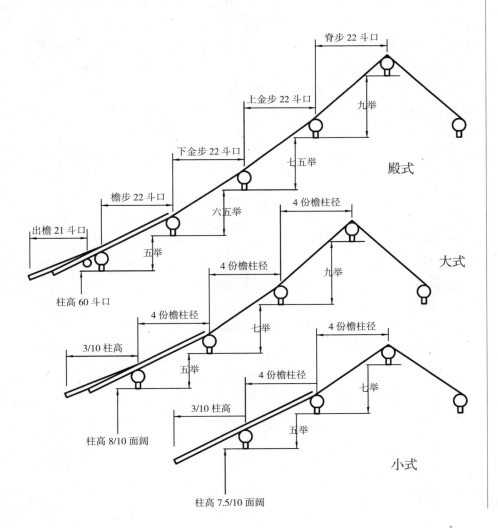

图 3-3-8 （清）举架之制

使各段椽子架构成不同的坡度，屋面达到曲面的效果，但在计算操作上仍有着较大的差异。

苏式建筑的屋面以前后桁条间的高度多少称提栈若干。假如界深相等，其前后两桁间的高度自下而上逐渐增加，屋面坡度也随之增加，提栈自三算半、四算、四算半以至九算、十算（对算）。所谓"三算半"、"四算"就是以界深乘以 3.5/10 或 4/10，所得之数即为两桁的高差。在殿庭建筑中屋脊处的提栈最多可达九算，而攒尖亭葫芦顶处甚至可用十算及十算以上。提栈的计算方法从檐口开始，即先定"起算"，即以第一界的界深为基准，如界深是三尺五则起算为三算半，如界深是四尺则起算为四算，但当第一界的界深大于五尺时仍以五算为起算，然后根据建筑的界数确定顶界的提栈算数，最后将起算和顶界算数之差平分至各界，再将算数乘以界深就得到两桁间的高差尺寸（图 3-3-9）。

为便于记忆，工匠们也将在以往的建筑实践中有关提栈的总结编成歌诀："民房六界用两个，厅房圆堂用前轩；七界提栈用三个，殿宇八界用四个；依照界深即是算，厅堂殿宇递加深。"其中，"依照界深即是算"就是指的前文所述的起算以第一界的界深为基准，而"民房六界用两个"、"七界提栈用三个"及"殿宇八界用四个"几句说的是，深六界的建筑使用两个提栈，如果起算为三算半，那么脊柱处的提栈是四算半，金柱处的提栈为四算；如果界深为四尺，那么起算就是四算，其顶界提栈就是五算，金柱处的提栈为四算半。深七界的厅堂用三个提栈，如果第一界的界深为四尺半，其起算为四算半，屋脊处就是六算半，而金柱处的提栈为五算半；如果第一界的界深为五尺，则起算为五算，脊柱处和金柱处的提栈则分别为七算和六算。殿庭的规模较大，界深往往会超过五尺，因此其起算都为五算，在屋脊处的提栈用四个即为八算，而中间各界

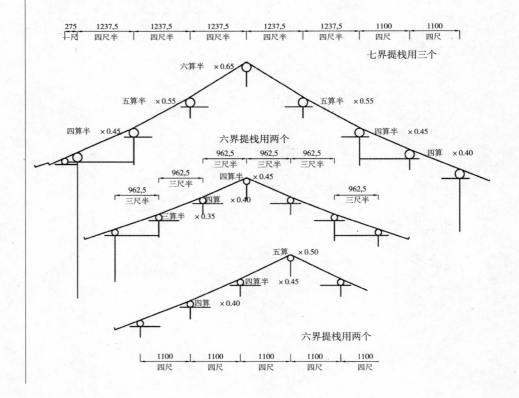

图 3-3-9 提栈之制

则应结合界深以均匀分配。不同于一般的民居建筑，园林亭构的提栈则较陡，如歇山形的方亭起算提栈可用五算，脊桁提栈为七算；而攒尖顶起算可用六算，灯芯木处可达对算甚至更陡。

从苏式建筑的提栈计算及运用方法中，我们可以看出苏式建筑与我国其他地区的传统建筑一样，都遵循着高等级的建筑屋面较陡峻，低等级的建筑屋面较平缓这样一个普遍法则。不过，由于苏式建筑的厅堂、殿庭的构造富于变化，在界数较多时，还须结合实际情况，根据"堂六厅七殿庭八"的准则，审度形势绘制侧样，再确定各部分提栈的高度，达到使建筑屋面曲线更加柔和完美的效果。

第四章　木作

　　木作是指工匠通过利用工具，以木材为原料，进行加工制作的技艺与工种。古代建筑在形制上不同于现代建筑，其所使用的材料与施工技艺等也都有较大的差异。苏州传统民居多是以木构梁架作为骨架，配合围护墙体，形成建筑，且建筑的装饰装修也多是木质材料加工而成，因而木作对于苏州民居建筑的安全、美观都至关重要。

　　木材是一种自然材料，本身存在着种种缺陷，因此作为建筑材料，在使用前应对其作认真的选配。原木成材在形状和尺寸上与所需建筑构件之间必然有差异，因而不能直接使用，必须在构件加工前通过锯截、砍斫等方式去除余量。而且古代建筑通常没有设计图纸，其建造过程中各种构件的加工，都是靠工具予以统一度量、划线，以保证制作加工的各种构件以及各构件之间装配联结所采用的榫卯等符合所需，并控制加工后的构件安装不出现偏差。本章将对常用木料、木作工具、木料选配、构件制作、装配、大木构架、装折、木雕等各方面予以介绍。

第一节　木料

一、常用木料

　　在苏州民居建筑中，常用木料通常为两类，一类是原木，一类是加工成片块状的板材。这些木料按照木质的软硬程度可分为软木和硬木两类，软木通常指裸子植物针叶树所产生的木料，其质地相对较软，木纹顺直，变形较小，耐久性较好，常用于建筑的结构组件，也可用于门窗；硬木通常指被子植物阔叶树所产生的木料，其质地相对较硬，木质结构细密紧致，色泽华丽，花纹优美，适宜用来装修装饰和室内陈设。

　　在苏州民居建筑中，常用的木料主要有以下几种。

　　（一）杉木

　　杉木为我国重要的用材树种，分布广，生长快，主干通直圆满，高可达30m以上，胸径2~3m，其结构均匀，强度适中，材质轻软、细致、纹理直，易加工，不易变形，并且杉木因材含有"杉脑"而具有香味，能抗虫耐腐。这些特性使得杉木被广泛用于建筑、家具、器具、造船等各方面。在苏州民居建筑中常用于结构件及部分装饰件，如柱子、桁条、枋子、檩条、椽子、望板、楣檐、勒望条等。

　　（二）松木

　　松木包括常绿松和落叶松，其材纹理清晰，较杉木硬，但由于松木防腐、防蚁、防虫性能较差，而且挠度较大，易开裂变形，此外，处理不好油囊日后还有渗油的问题，因此在苏州这种雨水较多、湿度较大的水乡地区，松木在木建筑中应用并不广泛，特别是柱、梁、枋、桁等结构性构件，一般不用松木。除非过于考虑成本或找不到大规格杉木的情况下，才会采用，并且需要先对其进行防腐、防蛀、脱脂等措施。松木常见用于一些草架部分或一些轩内的弯椽与草望板上。

（三）樟木

樟木树径较大，材幅宽，花纹美丽，木质细密坚韧，不易折断，也不易产生裂纹，且富含浓郁的香气，可以驱虫、防蛀、防霉、杀菌，常用作轩的弯椽以及弯件转角、木雕件等，如楼梯转角扶手、佛像、美人靠（吴王靠）的脚料、花板、斗栱昂等，民间也常用来做衣柜、衣橱、食物箱等。

（四）榉木

榉木产于我国南方，木材质地均匀，坚韧致密，密度大，抗冲击，纹理清晰美观，色调柔和流畅，在民间的明清家具中使用极广。在苏州民居建筑中，常被用来做一些承重的梁架，如开间的骑门梁、进深的大梁、花篮厅的花篮大梁及转角梁垫、柱眼门木梢等。

（五）栗木

栗木材质强韧、坚硬，色泽淡雅，纹理美观，且耐磨、耐水、耐腐蚀性强，因而加工难度较大。在使用上与榉木相似，常用于做一些承重的构架。

（六）柏木

柏木树干通直，木材为有脂材，有芳香，材质优良，纹理直，结构细，耐腐，可供建筑、车船和器具等用材。在苏州民居建筑中常用作装修（或小木作）及槛枕、实拼门中的木梢、过墙板上的插横板，工具中做木锤，瓦工中的罗谷抄板，也有用来做扁作大梁的。

（七）楠木

楠木是一种高档的木材，其木质坚硬耐腐，寿命长，色泽淡雅匀称，纹理细致文静，质地温润柔和，伸缩变形小，遇雨有阵阵幽香，且较易加工，我国上乘古建筑多为楠木构筑。楠木不腐、不蛀、有幽香，一般只在殿宇、宫殿及高档厅堂建设中用楠木做柱、梁，江南一些花厅也有部分梁、柱或部分装修用楠木的。

（八）银杏木

银杏树干通直，木材优质，价格昂贵，素有"银香木"或"银木"之称。银杏木质具光泽、纹理直、结构细、易加工、不翘裂、耐腐朽、易着漆、掘钉力小，并有特殊的药香味，抗蛀性强。在建筑中多用于高级的木装修上，由于它不易变形，木质细腻光滑又易于雕刻，常用于厅堂中的木装修、地罩、匾额、抱对、招牌及精心雕刻的夹堂板等。

二、干燥处理

木材干燥通常是指在热能作用下以蒸发或沸腾方式排除木材水分的处理过程。木材干燥可以减轻木材的重量，保证木材的质量，并防止其开裂与变形，提高力学强度，改善物理性能和加工工艺条件，可以防霉、防腐、防虫、防蛀等。传统建筑中木材的干燥，不像现在有很多先进的设备和技术可以使用，如干燥房干燥、除湿干燥、真空干燥、太阳能干燥、微波干燥、高频干燥等，通常采用自然干燥的办法，主要是大气干燥方式，来实现木材干燥的目的。

大气干燥是一种古老而又简单的干燥方式。它是把木材分类放置，并按照一定的方式堆放在空旷、通风、干燥的场院或棚舍内，由空气自然流通，使木材内水分逐步排出，以达到干燥的目的。通常堆放的木材需要离地架空，并一层层隔空叠放，木材与木材之间都留有一定的空间。堆放的方式可因地因材制宜，如井架形堆放、横竖堆放、人字形堆放、竖向排放等。大气干燥的特点是方式简单，不需干燥设备，节约能源，但这种方法占地面积大，干燥时间长，一般要经过数月甚或数年，且最终含水率较高，此外，由于干燥时间长，在干燥期间容易发生虫蛀、腐朽、变色、开裂等问题。大气干燥时，对于板枋材要特别注意放置平整，避免造成翘曲变形。

另外，也可以采用简易人工干燥的方式，一是用火烤、烟熏的方式，干燥木料内部水分；二是用水煮去木料中的树脂成分，然后放在空气中干燥或烘干。这两种方法可缩短干燥时间，但需要一定的设备，并采取相应的措施，才能实现。如需要放一定裕量的尺寸断面，避免干燥后木材规格小于所需，当然还特别需要注意减小在干燥过程中产生翘曲、变形、开裂、变色的程度。

在建筑中有些梁柱需要的木材往往体积较大，如果未能及时进行干燥，需要在木材的两端断面上涂上防腐、防虫、防潮的物质，如白蜡、沥青、石灰、桐油等，这样可以有效防止木材的端部开裂变形。当然，大原木露天堆放时，可以先不剥去树皮，这样也能起到一定的防止开裂的作用。

良好的木材干燥能有效防止或减轻木材的开裂、变形、腐朽、虫蛀等问题的发生，避免造成结构部件承载能力的降低，否则会给制作、安装造成困难。如果木材干燥不充分的话，还会造成安装好的部件芯子松动、板缝拔空、油漆脱落等现象的出现，影响工程进度和质量。因此，木材加工是木结构建筑建造前重要的准备工作，必须做好。

三、选配断料

（一）木料的置备与检验

1.备料

要营建一个单体建筑或一组建筑都需要对所需木料的品质、规格、尺寸、数量等进行统计，开列出各种构件的清单，用以置备材料。这能在施工前做到心里有数，在置备过程中，要注意木料的充分利用，大料大用、小料小用、废料利用，以做到物尽其用，减少浪费。

苏式建筑有圆作和扁作之分，圆作即是利用圆形截面的木料作为主要承重结构，在殿庭等用料较大时，有些构件虽为圆形截面构件，其实是用两段、三段乃至四段拼合而成；而扁作则是矩形截面的木料作为主要承重结构，但其实扁作大梁也是由圆料锯去圆木四面板皮而成为方形截面的材料形成，称之为"结方"，然后用实叠或虚拼的方法予以加高（图4-1-1）。这些因素在备料过程中都要予以考虑。现在我们还能看到一些传统建筑大规格的柱子、枋子等构件是通过木料接长或拼粗来实现的，这是我们的先辈充分利用自然资源，通过较小规格的木料实现较大规格的使用要求，在《营造法式》中就有合用数段木材的

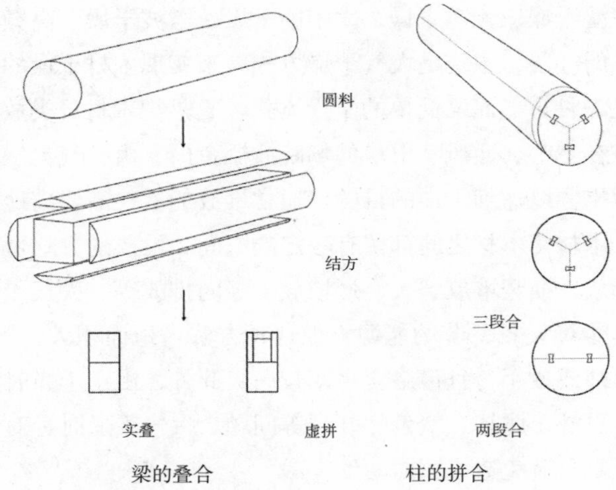

圆料

结方

三段合

两段合

实叠　　　　虚拼

梁的叠合　　　　柱的拼合

图 4-1-1　木料的拼合

经验总结。

由于受到形制、结构、等级等因素制约，传统建筑的用料数量基本是固定的，因而，工匠根据实践经验以歌诀的形式予以传唱，因为其辞简义赅，因而便于记忆和传承。

如"一间二贴二脊柱，四步四廊四矮柱；四条双步八条川，步枋二条廊用同；脊金短机六个头，七根桁条四连机；六椽一百零二根，眠檐勒望用四路"描述的是单开间深六界的平房。

"三间二正二边贴，四只正步四只廊；二脊四步四边廊，二条大梁山界梁；六只矮柱四正川，四条双步八条川；边矮四只机十八，六条步枋廊枋同；边双步川加夹底，二十一桁十二连；六椽三百零六根，眠檐勒望四路总；飞椽底加里口木，花边滴水瓦口板；出檐开胫加椽稳，也有开胫用闸椽；头停后稍加按椽，提栈租四民房五；堂六厅七殿庭八，只为界深界浅算"则是三开间深六界的平房。

而二开间深六界的楼房则如此描述："二间三贴三脊柱，六只步柱六只廊；双步承重川各六，十根搁栅四枋子；六条双步十二川，六只矮柱十二机；窗槛跌脚枕幌子，十四桁条八连机；六椽而百零四根，眠檐勒望四路共；连楹裙板香扒钉，三截楼板楼梯一。"

从上可以看到，歌诀中不仅罗列清楚了大木构架所需的各种构件，而且部分重要装折构件以及提栈等问题也有涉及。而对于构造更为复杂的厅堂、殿庭等，同样也有类似的歌诀，从中可以得到详细的用料情况。

2. 用料定例

除了确定各种构件的数量外，还必须进一步明确各个构件的具体尺寸，这样才能对木料进行加工。构件的尺寸同样也可以根据相关的歌诀来了解："进深大梁加二算，开间桁条加一半；正间步柱准加二，边柱二梁扣八折；单川依边再加八，柱高枋子拼加一；厅该拼枋亦照例，殿阁照厅更无疑；楼屋下层承重拼，进深丈尺加二半；厚薄照界加二用，边承拼用照枋子；唯枋厚薄照斗论，通行次者下批存；椽子照界加二围，椽厚围实六折净。"

从上述歌诀中发现，苏式建筑各构件的尺寸是根据有关的开间、进深来进行换算的，而并非以檐口高低来折算。过去的工匠用绑扎脚手架的竹篾当软尺来用，以度量构件的围径，即周长，并用"围三径一"来估算用料的对径。在歌诀中提及的"加二"、"加一半"指的是十分之二和十分之一点五。此歌诀所说都指围径，歌诀前两句的意思是：大梁围径等于内四界进深的十分之二，桁条围径是开间的十分之一点五；正间步柱的围径为正间面阔的十分之二，边贴用料以正贴的八折确定，三界梁的围径亦为大梁的八折。"单川依边再加八，柱高枋子拼加一"可解释为川的围径按边贴的八折之后再打八折，即正贴大梁的百分之六十四，枋高为檐柱高的十分之一，如果做门槛的话，其高度相等，而枋和门槛的厚度则根据具体情况确定：如檐桁下用四六式斗栱，其厚为四寸，如不用斗栱则厚为三寸。"厅该拼枋亦照例，殿阁照厅更无疑"说的是无论厅堂、殿庭的用料都可以依此计算。如果用小料拼合成大材，其尺寸可适当加大，以五分为度。"楼屋下层承重拼……边承拼用照枋子"是说楼房承重用料，其围径按承重进深的十分之二点五计算，高厚之比为二比一，边贴承重用料尺寸与枋子相同。最后两句所说的是椽子围径等于界深的十分之二，椽子为圆形截面，上边刨平，呈"包袱"状，刨后实际的围径是原先的十分之六，或加工后的椽厚约为原对径的四分之三。

3. 木料的挑选与检验

在确定了所需木料的数量和规格后，就需要对木料进行采购，过去工匠也有相应的歌诀来帮助对木料的仔细挑选和检验。

"屋料何谓真市分，围篾真足九市称；八七用为通行造，六五价是公道论；木纳五音评造化，金水一气贯相生；楠木山桃并木荷，严柏椐木香樟栗；性硬直秀用放心，照前还可减加半；唯有杉木并松树，血柏乌绒及梓树；树性松嫩照加用，还有留心节斑痈；节烂斑雀痈入心，疤空头破糟是烂；进深开间横吃重，务将木病细交论。"

旧时的度量制度尚不统一，在木材市场所用的是官尺，每尺长换算成公制约34cm，而建筑营造用的是鲁班尺，每尺长换算成公制为27.5cm，所以在木料的选购时还要进行两种尺的换算。

由于树木是天然生长的自然材料，在其生长过程中常会出现弯斜扭曲等现象，从而影响到木料的充分利用，所以在出售时都要打上一定的折扣，以避免用材不足的问题。上面歌诀中提到的"真市"，就是指原木的实际围径和销售时的计算围径之间的折扣。从歌诀中可以获悉，上等木料以九折计算，普通的为八折或七折，而质量较差的可以打上六折、五折。对于像楠木、山核桃、木荷、严州柏木、榉木、香樟、栗木等优质木料，因其"性硬直秀"，打折的时候只按歌诀前述中折扣的一半打，即上等木料为九五折，中等的九折左右，下等八折。反之，如松、杉、圆柏、乌柏、梓树等材质松软的木料则要增加折扣。此外还须注意木料的缺陷，这也是因为树木是自然材料，生长过程中会出现一些缺陷，如空、疤、破、烂、尖、短、弯、曲等，这在工匠中被称之为木之"八病"，凡有那些缺陷的还需要进一步打折，尽管如此，跨度较大、承载较重的大构件仍绝对不能使用这样的木料，一般只能锯解后用于一些小构件而已。

选配检验是在加工前必须先进行的工序，就是对原木和原条材进行检查审验，看是否有腐朽、开裂、弯曲、虫蛀及死节等"八病"现象，同时观察木料的木色是否正常，并通过树木年轮的疏密和材质的轻重等来识别其好坏。因为木材是天然建筑材料，出现问题非常正常，因此必须认真选配，既保证构件的质量和美观，也能合理利用，减少木料的浪费。

在选材时，除了检查木料的以上情况外，还需要考虑木料木质的老嫩（老指木质坚韧，嫩指木质松软），以便区别对待，合理利用。当然，有一些弯曲的木料，完全可以根据构件的形态和需要进行充分利用，做到料尽其用，如可用于某些大梁、双步、桁条、弯摘檐板、弯罩口木、枋子、连机等。

（二）构件的初加工

在构件加工前，应该做到胸有成竹、心有全局，对所有部件都了然于胸，并在保证质量的前提下节约材料。在木料加工过程中，应先加工大料、长料，再加工小料、短料，这样可以充分利用加工大料过程中剩下的边皮、角料，尽量减少被废弃的木料。

例如，应先加工大梁、大规格的柱子和桁条，在中梢头断一般规格的柱子、枋子，在梢头里断椽子、飞椽、里口木、连机等，一般可充分利用锯梁和结枋子时的边皮，加工楣檐、勒望、望板、瓦口板、摘檐板等，尽量不另用原木料直接加工。

屋架料配好后再进行木装修的配料加工，步骤和要求同样，也要先进行木材的挑选检验，也应先加工大规格的构件，再加工小规格部件。

从原木到制作成建筑构件需要经过初步加工和构件制作两个步骤，初步加工主要是将表面不十分规则的原木加工成规则的枋材或圆料。

圆料的加工首先是将原木的两端截平，然后将截好的原木固定好，并在两个端面上划出十字中心线，如果原木直顺则十字线的交点在原木端面的中心，若原木有弯曲则通过调整十字线的位置来保证加工后的木料形状符合要求，此外还必须注意两个端面上的十字线之间相互平行。划好十字中心线后要按构件的要求，以构件端头的半径尺寸分别在原木两端面上划出上下左右的平行线，以围成与构件对径相等的正方形，然后根据划线在原木长度方向弹线以斫去方线以外的部分。弹线时应注意必须将墨线按在方线与原木外缘的交点上，并且要顺直线方向弹出，不能随意弹线，不然会造成弹线不准，影响构件的加工精度。四个平面斫平刨光后要在端面上进一步划出八方线，并在长度方向弹线，斫刨成八棱柱状。以此方式继续再进一步划正十六边形、正三十二边形，并随时刨去余量直至刨圆为止（图4-1-2）。

枋材的加工应先将原木的一侧砍斫平整，并刨光以作为基准面，需注意加工后的平面不能有扭曲现象。然后以此平面为基准用角尺在两端面上划出中线及左右侧面线，要保证两端划线相互平行。再按端面的划线在原木长度方向弹线，斫去加工余量，使厚度符合构件的尺寸要求。最后再用上述相同的方法加

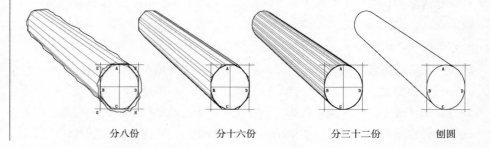

图4-1-2 柱、桁放线示意

分八份　　　　　分十六份　　　　　分三十二份　　　　刨圆

工顶面。加工完毕需分类堆放,并在必要时进行编号,以便于下一步的加工制作。

其他各个构件的木料也须进行类似的初步加工,使之达到所需的规格要求,以备进一步的制作。

此外,初步加工还涉及一个加工余量的问题。圆形构件诸如柱、桁、圆作梁等一般以净长(包括榫长)加五寸(约150mm),围径加百分之一的构件长度为度;矩形构件则以宽厚加一寸(约30mm),长度加一到二寸(约30~60mm)为度。但这只是基本要求,在具体应用时,还应考虑原木的曲直情况来最终确定,同时须在满足构件质量、规格要求的前提下,因材制宜,节约木材。

（三）构件划线及有关工具

传统建筑在过去虽有一些制式、要求、歌诀,但远没有今天的图纸那么精确、复杂,而构件的制作与安装则完全没有图纸,是利用一些长短不同的木尺以及模板、工具等进行度量和划线,其中最主要的是一种长尺,叫做"六尺杆",因为在苏州地区最为普遍的民居的正间面阔大多为一丈二,长尺取其长度的一半即为六尺,"六尺杆"因此而得名。

"六尺杆"为一组断面二寸见方的长尺,其四个侧面上标注出建筑面宽、进深、构件尺寸、榫卯位置与大小等,几乎包含了一幢建筑的所有尺寸,并按实际长度刻划出标记。"六尺杆"有总尺和分尺之分。总尺标注的是建筑的开间与进深尺寸,其一端标开间中线、脊桁中线等,另一端标柱中线、檐桁中线等,为便于收藏,总尺长度仅为进深的一半左右。当然建筑的规模有大小之别,所用的长尺因此也有长短之异,在苏州地区,长尺以六尺为多。分尺是在总尺的基础上分划出来的,包括构件的所有尺寸、榫卯的位置和大小、构件间的相对位置等。构件制作时以"六尺杆"上的标记为依据,在经过初步加工的木料上进行划线,从而保证了各种尺寸及相互关系的准确、匹配。

六尺杆是构件划线最主要的度量和定位的依据工具,不过仅用六尺杆来实现构件划线是不够的,有些部位的划线需要借助角尺、短尺、模板等辅助工具来帮助划线。如构件端面的十字中心线就要用角尺帮助划出,以保证两条线相互垂直相交。在梁桁相交处梁背"开刻"的半圆槽(北方称之为"桁椀")需用半圆模板划出。两桁、两枋相连或柱枋交接处所用的"羊胜式"榫卯也要用相应的模板,以便两构件间能紧密结合。至于那些不透卯眼的深度则需用小尺插入去量度尺寸。

划线是构件制作的第一步,指在木料上划线完成后,工匠根据不同的划线符号进行木作加工制作的过程。其中,常见的划线符号有:中线、升线、揲线、截线、用线和废线等,卯眼划线符号分透卯和不透卯两种(图4-1-3)。

中线是构件的定位线,所有构件都要先确定中线,之后以中线为基准中点向前后、左右、上下量出构件的长、宽、高尺寸。安装时中线也是定位基准,所以制作完毕的构件也必须留有各中线,如果在加工过程中,中线被刨去,在制作完毕后,需再根据两端面的十字中心线重新弹出各面的中线。有些次要构件的中线也可仅用通长的墨线来表达。

升线就是"侧脚线",仅檐柱使用。其上端与中线重合,下端位于中线的一侧,安装时吊垂线检验升线,使之与地坪垂直。

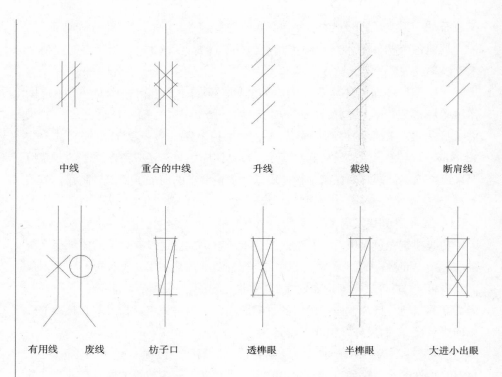

中线	重合的中线	升线	截线	断肩线

有用线	废线	枋子口	透榫眼	半榫眼	大进小出眼

图 4-1-3 划线符号

截线以内保留，以外为截去的多余部分；如果线下为榫头则用掸线表示。

当然，划线时难免会画错，需要对它进行更正，在其旁边重新划线，为区别用线和废线，要在用线上画上 ×，废线上画上〇，以示区别。

第二节 工具

木料划好线后进入构件制作过程，加工都需要通过各种木匠工具来实现，如大的断料锯、辽山龙，或长的狭锯条锯子、木卡尺、丈杆、黑笔和断料单板等。

本章介绍的工具都为传统的木工手工工具，不涉及现在出现的木工机械。工具对于木匠来说十分重要，一套好的工具，既能反映出木匠的手艺好坏，还能保证木匠得心应手地做活，因而有"做活一半，人也一半"的说法。木工的手工工具主要包括斧、凿、锯、刨、钻、尺、墨斗、篾青等。

一、斧

斧一般有两把，一把口大且重，主要是在做大木活时，砍柱、梁、桁条或击打用，另一把口较小，重量也较轻，常在装修时用。斧头式样常依九字斧和周字斧为好，木匠用于传统建筑的斧子，由于使用的手势、角度以及方便等原因，都是前角较短于后角，且均为一面斧，不宜使用两面斧。

二、凿

凿有很多种，可以用于不同的部件和不同规格的榫眼、孔槽、倒角等，主要分为平凿、斜凿、圆凿、扎凿等。

平凿主要有以下几种：寸凿，宽为一寸，凿柱、梁、斗的大眼，常用较厚的一种寸凿，而装修和榫眼轮廓的修正扦铲则用比较薄的称为薄凿的寸凿；用于大木和装修上柱枋榫眼和门窗装修打眼挖孔的为二、三分到八分的平凿；用于门窗装修和芯子上打榫眼的为一分到三分的平凿。

斜凿常分大中小三种，根据实际需要选用，如大的刀口较宽，常用于大木的扦平、倒大棱角和用作手铲等，小的则用于装修中的扦铲、倒小棱角。

圆凿主要有以下几种：大圆凿一般用于库门和开凿金刚腿等大规格的圆形孔和槽，也会被用于修正大木构件的接肩童柱的叉口；用于窗上的摇梗眼或扦凿线条圆转角的一寸圆凿；用于小直径的孔或小的圆转角的五分圆凿；用于凿更小的孔和装修上的结子钩头回转小圆角的一分半到三分圆凿等。

扎凿则是一种无锋口钢凿，被用来凿撬或凿铁钉之类。

三、锯

传统建筑木工所用锯种类很多，主要是用来断料、截角，主要有以下种类：

过山龙也称螃皮锯，通常专用于断料，需要两人合作来使用，锯条较宽，锯齿从中间起一半朝前，一半朝后，且齿路一般为人字形，分向左右侧。使用时要以拉为主，来去不能猛推，且在断料时要注意锯至一半时，应翻转木料再锯断另一半，以防木料因重力作用使下口断裂而损伤材料。

大锯一般是用来断小料，锯枋子、榫头及截肩，锯平柱脚、开桁条榫头等的，通常为二尺四寸到二尺七寸左右。

中锯较大锯稍小，常为二尺到二尺二寸左右，锯齿亦相应细小些，主要是用于开木装修的榫头和截断。

小锯有粗齿小锯和细齿小锯之分，其中粗齿小锯稍大，约为一尺五寸到一尺七寸，常用于一般的小料和门窗锯角及锯板材之类；细齿小锯稍小，长度约为一尺二寸到一尺四寸，锯齿很细，齿距在1.5~2mm之间，常用时钟内的发条来做，主要用于窗芯、挂落芯子的截肩、截割角和锯皮叉。当然，无论大中小锯除规格大小不同外，其外形基本一致，或是形式上稍有地区差异。

绕锯是专用来绕锯圆曲形的狭条锯，如轩弯椽和用于截锯圆梁的肩头及柱头圆叉口等，其长度为二尺二寸到二尺七寸左右。

穿桃锯是长度五寸左右的小型锯，常用于屏门面板的穿桃和台面板与门板的穿桃开斜口槽，其锯片装在摆手柄前端，一半嵌于木锯槽内、一半露于槽外，锯齿从中分前后两向，一半朝前，一半朝后。

四、刨

刨是木工最主要的工具之一，种类繁多，以用于不同的使用需求。

长推刨分为粗推刨和细推刨，长度都为木工尺的一尺六寸到一尺八寸，其刨刀分二寸及十六分两种。在长推刨的两种刨子中，刨口大的即是粗刨，刨口小的即为细刨。粗刨是用来刨出基本形状，细刨则用来修光刨正。刨子的刨刀角度要看常刨的木材而定，一般苏地香山木匠刨刀的斜口角度按直角三角形的比例来做，如刨杉木按一寸比七分至八分半，俗称寸打七或寸打八分半；若木材较硬则做成寸打九，或寸打寸，寸打寸即为底边和刨刀成45°角。

短刨也叫短推刨，其长度为六寸到八寸之间，同长推刨一样，分为粗细两种。刨刀有寸四分、寸六分、二寸等多种，常用来刨板和表面光平之用。短推刨的刨刀角度和长推刨相同，亦有刨软质木材和硬质木材之不同。

中长刨长度介于长短刨之间，亦分粗细两种，可用来粗刨柱、梁、枋子等。

阴刨是专用来刨圆形构件的刨子，如柱子、桁条、梁、椽子等。其刨底圆弧可按不同的圆径来做，一般其刨底的圆弧半径要比所刨圆木的半径大一至二寸左右。加工的步骤是先把所刨的圆木加工成多边形状，再用粗刨去角，最后用阴刨刨圆。

凸底刨是刨底前后一样平，中间刨口凸起成圆弧的刨，专用来刨弯里口木、弯楣檐、弯摘檐板和轩弯椽等弯弧形构件。需要注意的是，在刨较硬木材的时候，凸底刨刨刀需配盖铁，这样刨出的效果会比较光滑。

浑面刨分为大小两种，其刨底断面如同阴刨，刨刀宽度可按芯子宽度尺寸来做。其中大浑面刨常用来刨窗框、景窗框、挂落边框的浑面线；小浑面刨则是专刨窗芯和挂落芯子浑面线脚，小浑面刨可做成刨刀宽度同芯子尺寸的单手式推刨，也可做成双手式浑面刨，刨刀装于刨子中，或将刨底两边做成轨条，这样刨浑面线时不易走动。

亚刨主要被用来处理亚面线，也分大小两种，大亚刨用于处理窗框的亚面线，以及刨连机圆径面、抱柱和枨的亚面及窗间的合缝鸭蛋缝，亦可在做斗时刨坐斗下腰用，大亚刨要做成双手式；小亚刨则是专门用来做窗芯子及挂落芯子所需的小亚面线，小亚刨一般按芯子的宽度分为三分、四分、五分等不同大小，其可以做成单手式或双手式。

样线刨有多种样式，可以刨出各种线形，其大小尺寸可有一分半到三分多种，常用来做纱槅内棚子线或古式的八仙桌椅线条，最常见的是木角线和角里圆线。木角线常用于木窗槛、枨和枋子、挂落、栏杆等处，如果木角线和亚线合用在窗框、挂落边框上则称亚木角线，木角线一般分大小两种，大尺寸的用于大木构件，小尺寸的用在窗、挂落等的边框上。样线刨是双手式推刨，通常是在刨底上做一条线底，也有做成双线式的，在刨刀左右两边，分别开半线口，可作左右刨用。角里圆线大小分三分、四分、五分三种，用法同木角线一样，不过刨出的线条是圆线相交，常用于古式茶桌脚和栏杆柱的角棱起线。

槽刨是起槽口用的，以使夹堂板、垫板、镶板等嵌入槽内。槽刨大小按刀口尺寸分为一分、分半、二分、三分、四分、五分、六分等数种，大尺寸的多用于垫板、夹堂板，小尺寸的则常用于窗上裙板、夹堂板和玻璃槽等。

铲口刨常用来打高低缝和铲口，如窗扇之间的缝和直拼门板的板缝、槛枨的铲口等。

线方刨是刀口为满口薄形的小刨，被用于修正线条边和铲口线及边缝的走形，常和铲口刨、槽刨等合用，能起到修正线条并使侧面光滑的作用。能得心应手地使用线方刨是需要熟能生巧的，因此民间有谚语"小小线方数两肉"之说。

滚刨也称一字刨，是用来修正刨光构件的圆曲形的，如大梁挖底、柱头卷杀及柱底倒棱的修正刨圆等。

兜肚刨因专为刨裙板与夹堂板的兜肚而得名，俗称"一块玉"。兜肚刨有圆口和方口之分，圆口的兜肚刨可用来刨出兜肚边带圆角，同时在刨横纹时不需用锯或划刀打线，而方口的兜肚刨在刨横纹时宜在端面用锯子或划刀打一条线，划断木板表面以防刨时表面起毛刺。兜肚刨的刨刀口需做成斜口，这样才能在刨横头纹时保证端头光滑，其斜口刀的斜度常为一寸斜二分到三分，并且要求刨口和刀口须一致平行，不可空距过大，以免影响刨出的兜肚的光洁度。

边刨一般较为小巧，铲深铲宽不大，为铲狭条铲口，都做成单手式，适宜一只手操作，有时会代替线方刨来用，可铲刨拼板的高低缝和玻璃铲口。

一字形的各式线刨是在做圆弧形的浑面、亚面、样线、木角线时使用，以便跟随圆弧走势使其相配。各式的线脚一字刨的刨口均要配镶金属口，以保证刨出的圆曲线脚光滑细腻。

五、钻

钻是用来打眼的工具，主要有牵钻和舞钻两类，在使用方式上略有不同。如门窗板的拼钉眼、拼枋的钉眼、门窗槛的孔眼等。打眼有的是为了便于拼接，有的可以防止木料的开裂，增强木件的强度，还可以用于一些明钉子在油漆前做好埋设处理等。

六、尺

传统建筑构件加工用尺除前述的六尺杆外，还有大曲尺、短曲尺、蝴蝶尺、大小活尺等。

大曲尺长度从一尺八寸到两尺，尺身用硬木如红木、榉木等制作，并可在尺身上粘上牛骨，在牛骨上刻上尺寸（鲁班尺），常用于大木中划较长较宽的尺度。尺苗常用红木、榉木或蒸过的毛竹制作。

短曲尺或小曲尺为长五寸到一尺的曲尺，常用于装修和划较狭的断面尺度，大小曲尺的使用选择以方便为主，并没有特殊规定，一般做大件工作用大曲尺，做窗格芯子等用小曲尺。

蝴蝶尺：常用于窗芯子和栏杆芯子的十字合口斜线，有时常把一只尺做成多种角度两面用，如90°、45°、22.5°、30°、60°等合角度。

大小活尺的使用也和曲尺一样，以方便为主，通常大活尺由于尺身与尺苗较长，便于在大构件上划线，因而使用于大木施工中，小活尺小巧灵便，常用于窗格装修的芯子、爬栈挂落等的划线，有时把小活尺两端都装上尺苗可以两头使用，以方便划不同角度的斜线。

现在进行古建营造，还有三角尺、钢卷尺和活动角尺等现代工具尺可以利用。

七、墨斗

墨斗通常为工匠自制，常分双手墨斗和单手墨斗，常用生漆（大漆）溙底，这样经久耐用，便于保存，不易腐烂和开裂。双手墨斗相对较大，常为大木使用，其有两种做法，一种以竹管做墨筒，以木制盘架做墨斗身，另一种则是用整块木料雕凿出来。而单手墨斗比双手墨斗小些，一般均用整块木料雕凿出来，并以一面连线盘架。

八、篾青

篾青也叫墨青，是用来划线的，以青毛竹竹篾制作而成，划线要比铅笔优越好用。篾青削做时分为大小两种，主要用于不同的方面，用于大木上划线的要面宽些，长一些，而用于装修门窗上划线的篾青要窄些、薄些。此外，开篾片应该用毛竹的小头，也就是竹梢端，因为这样开出的篾青较为紧密，不易散开，这是做篾青时需要注意的。

第三节　构件制作

一、柱

大木构架中凡是直立的构件都称之为"柱"，当然会依据其所处的位置或形式而有各自专门的名称（图4-3-1）。如"檐柱"是指位于屋檐之下的；"步柱"是用来承托四界大梁的，在有些建筑中，为了增加室内无阻碍空间，将步柱悬于梁枋之下，并将柱的下端雕成花篮状，则称之为"花篮柱"或"荷花柱"（图4-3-2）；"脊柱"位于屋脊之下，上承脊桁。在苏式建筑中只有边贴的脊柱或门第脊柱落地，通常正贴的脊柱不落地而落于山界梁上，长度较短，因此称为"脊童柱"；"金柱"则位于脊柱与步柱之间，且多为短柱，所以也称其为"金童柱"。有时会因室内分隔的需要将金柱落地，则称为"攒金"；在规模较大的建筑中，诸如厅堂类建筑，内四界前往往会增设翻轩、前廊等，则轩前的柱称为"轩柱"，廊前的柱称为"廊柱"，而不因其在檐下就称之为"步柱"，当然游廊所用的柱子也叫"廊柱"；此外，在攒尖亭之类的建筑中有一根名为"灯芯木"的柱状木料，其位于攒尖顶中心，作用是作为各老戗根部的支撑点。

（一）檐柱（廊柱）（图4-3-3、图4-3-4）

在苏式建筑中，平房和厅堂通常都是以正间面阔的十分之八来定檐口的高度，其正贴檐柱高基本与檐口高相仿，而更大规格的殿庭，其正贴檐柱高则与正间面阔相等。檐柱围径为正贴步柱的十分之八，而平房、厅堂正步柱的围径是正间面阔的十分之二，殿庭则为内四界深的十分之二。硬山建筑中，边贴柱高与正贴相等，柱径则为正间的十分之八。

檐柱（廊柱）的制作加工首先是划线，划线完毕后还要在柱子内侧的下端标明该构件的位置，接着才可按线进行制作。

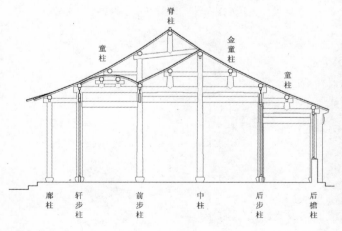

图4-3-1　柱

图4-3-2　花篮柱

划线需按如下步骤操作。首先在两端面划出十字中心线，如果初步加工时的中线仍保留着则可继续利用，省却该步骤。第二步依据两端面的中心线弹出柱子长度方向的四条中线，弹线后选择木料表面情况最好的面朝外，质量差些的面朝向室内。第三步用六尺杆量出柱头、柱脚、榫头的位置以及枋子口并划好线，再依柱头、柱脚的位置弹出升线，升线上端与柱中线重合，下端位于柱中线的里侧，并取收水百分之一，升线和中线上要标出相应的符号，用于区分。如果是四合舍、歇山、落翼顶等，其角檐柱的四面都要弹升线，升线弹出后，以之为基准，用角尺围画柱头和柱根线，以保证柱子的底面与磉石在安装时能紧密接触。最后画卯眼线。枋子口也要以升线为中线，以便保证与檐柱（廊柱）交接的枋子、川等与地面平行。

（二）轩步柱

苏地建筑中的厅堂、殿庭在内四界前一般都设有翻轩，所以在步柱和檐柱（廊柱）之间要用轩步柱（图4-3-5）。轩步柱高为一份檐柱（廊柱）高加牌科高，再加提栈，其围径是步柱围径的十分之九。

轩步柱制作前也先要划线，其方法与檐柱（廊柱）相同，在两端面划十字中心线及长度方向的四面中线，但不需要划升线。然后用六尺杆在长度方向的中线上划出柱头、柱脚、榫头、枋子和廊川的卯眼位置，再围画柱头、柱脚的端线及截线，最后画出卯眼线。划线完毕需在柱的下端标写上构件所在的位置，然后即可进行加工制作。

（三）步柱（图4-3-6、图4-3-7）

步柱的高度是根据贴式来确定的。如苏地平房的内四界前不用翻轩，仅以

图4-3-3　檐（廊）柱

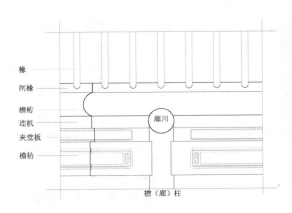

图4-3-4　檐（廊）柱与相关构件的联系（左）

图4-3-5　轩步柱（右）

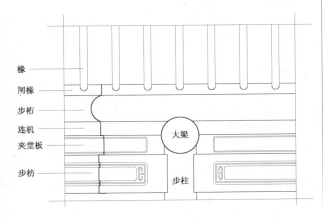

图4-3-6　步柱（左）

图4-3-7　步柱与其他构件的联系（右）

图 4-3-8　脊柱

图 4-3-9　脊童柱与金童柱

一界之廊相连，且不用牌科，因此步柱高以一份廊柱高加提栈高来确定，有时为了增强屋面的曲势会酌情稍作叠高，以达到"囊金叠步翘瓦头"的效果。而苏地的厅堂和殿庭的内四界前一般都做翻轩，步柱高则要根据轩的形式来确定，如用磕头轩时步柱高与轩步柱高相同；用抬头轩时步柱高为轩步柱再加一份提栈高度；用半磕头轩时步柱高则依据轩梁与大梁间的高差来确定。厅堂、平房正步柱的围径是正间面阔的十分之二，而殿庭正步柱的围径则为内四界深的十分之二。边贴步柱为正贴的八折。

步柱的划线、制作方法与轩步柱基本相同。

（四）脊柱（图 4-3-8）

在苏地硬山建筑中，其边贴和门第的脊柱都通长落地，但与两者相联系的构件还是略有差异。和边贴脊柱相接的构件在进深方向，由上而下分别是短川、双步及夹底，而开间方向仅与脊桁相连。与门第的脊柱相交接的构件，在进深方向和硬山平房、厅堂的边贴脊柱相仿，当建筑规模较大时还有三步与之相交，开间方向则有脊桁、连机、额枋与之相连。划线时首先要弄清楚各构件之间的相互关系，然后按六尺杆标定的记号点出柱头开刻、留胆以及与各构件相接的卯眼位置，并画出卯眼的形状和尺寸。

脊柱高根据提栈计算得出，其围径与檐柱（廊柱）相等，为步柱的十分之八。

（五）童柱（图 4-3-9）

童柱是指立于梁上的短柱，但会因其所在位置的不同而有各自的称呼以示区别，如大梁之上的称为"金童柱"；山界梁上的称为"脊童柱"；双步之上的称为"川童"。童柱仅圆作使用，扁作则以坐斗、梁垫、寒梢拱等取代童柱。童柱高是依据提栈算出，其柱脚围径取下部梁围的十分之九点五，柱头围径为与之交接的梁围的十分之七点五，因而其具有非常明显的收杀。此外，童柱下部的两侧要逐步由圆过渡成尖，与柱脚下梁交接处做成"鹦鹉嘴"状，鹦鹉嘴内做半榫，榫有用单榫的，也有用双榫的，双榫的制作较单榫的稍繁复但结合更稳固。柱头则通过开刻、留胆，与上部的梁、川或桁相连（图 4-3-10）。

童柱划线大体与其他柱构件相似，但鹦鹉嘴处划线会复杂一些，在加工时更需高超技术，因而也有借助模板，以使其制作更为方便的。

（六）攒金（图 4-3-11）

攒金就是将后金柱落地，原先的大梁在此中断，以搭接榫的方式穿入攒金的卯眼，大梁后部的短川改成双步，双步变为三步。

图 4-3-10　脊童柱、金童柱与其他构件的联系

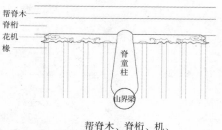

帮脊木、脊桁、机、脊柱等配合图

金童柱、金桁、机等配合图

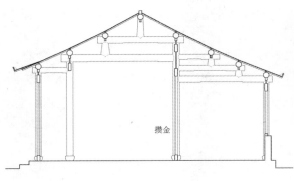

图 4-3-11 攒金

图 4-3-12 灯心木

攒金的划线、制作方式与其他柱子大体相仿。

（七）灯心木（图 4-3-12）

灯心木是攒尖顶建筑特有的柱状构件，是攒尖顶中心用来收头的柱状构件。其主要架构方法是用周围的由戗上端支撑于灯心木的中部，使灯心木的下端悬空，并雕成花篮、荷花状装饰，其上端则套葫芦、宝瓶等屋顶饰物。当建筑内部用天花吊顶或灯心木上部的饰物荷载较大时，也有将灯心木的下端立于枝梁之上的做法，枝梁的两端则架在前后金桁上。

由于灯心木与由戗不是交接在一个平面上，而是一个空间关系，所以需要通过实体放样的方法来确定由戗卯眼的位置、角度以及灯心木下端装饰物的外观与纹样，其垂花的下端不应低于金桁的底面。由戗卯眼之上再留出一份卯眼高（与由戗相交的交线高），上做宝瓶桩，桩的高度依据所用的宝瓶、葫芦内孔深来确定，其断面一般为方形或正多边形，对径（即对角线长）通常为灯心木对径的一半。

二、梁

梁是传统建筑中进深方向的承重构件，主要承受其上部构架以及整个屋面的荷载。由于梁所处的位置不同，其名称及形状也存在较大的差异。在苏式建筑中，梁类构件主要包括大梁、山界梁、双步、川、轩梁、枝梁和搭角梁等（图 4-3-13）。

（一）大梁

大梁架在正贴步柱之上，由于正贴步柱间一般深四界，故大梁也称"四界大梁"（图 4-3-14）。当然，也有一些园林建筑的步柱间深三界或五界，其上架的梁则被称为"三界梁"或"五界梁"（图 4-3-15），但通常都称为大梁。

大梁有圆作和扁作之分。

圆作大梁的围径以内四界深的十分之二确定，梁长用梁头以步桁中心向外伸出一尺至一尺二确定。圆作大梁的制作较扁作大梁简单，首先选择经过初加工的木料质量外观较好的一面作为梁底，并在其两端划出垂直中心线，接着在垂直中心线上标出机面高度，并划出水平线。机面高依据梁径而定，当大梁对径为七寸时则机面高定为五寸，如果梁径大于或小于七寸时，则机面也按比例收放。下一步以垂直中心线和机面线为基准，弹出长度方向的中心线和机面线。

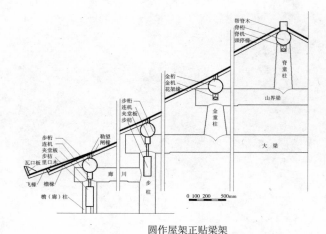

圆作屋架正贴梁架

圆作屋架边贴梁架

图 4-3-13　屋架的各种梁及其位置

图 4-3-14　四界大梁

图 4-3-15　五界梁

最后用六尺杆在梁的侧面画出承桁圆槽及连机的卯眼，须注意承桁圆槽内还要"留胆"，即槽内需进行留木，其高宽都为一寸左右。接着需在梁底及梁背的中线上量画出与柱相连的卯眼，此外在梁底还要做出"挖底"，即从梁底的中部距桁条中心线半界的地方逐渐向上挖去四分（图 4-3-16）。如果大梁进深较大时，需做"抬势"，也就是梁中部向上略弯，起到校正视差的作用，一般是梁长一丈上弯一寸左右。

　　扁作大梁由于是圆料结方而成，所以其制作稍复杂些，其围径需较圆作稍大，长度则与圆作相同。如果有对径足够大的圆木，可以直接使用独木来加工制作扁梁，但大部分扁作大梁是用锯成方料的木头拼高而成，方式有二，一为实叠，用两条相同尺寸的方料以鼓卯、鞠榫进行连接叠合；一为虚拼，用两条五分之一梁厚的板条拼于梁的上部，并在斗底处用木块填实。拼叠后的梁高为梁厚的二倍到二点五倍。扁作大梁的划线同圆作一样，也是从两端面开始的。首先在两个端面划出垂直中线，依圆料结方定梁头高，以梁头高的七分之五左右定基面线高，再按梁厚的五分之三确定梁头宽，然后以垂直中线为基准画线。端面画线完成后，以垂直中线和基面线弹出长度方向相应的线条，接着用六尺杆量度并画出梁背卷杀、斗桩榫、梁底挖底、与梁垫叠合的销榫，以及梁侧与

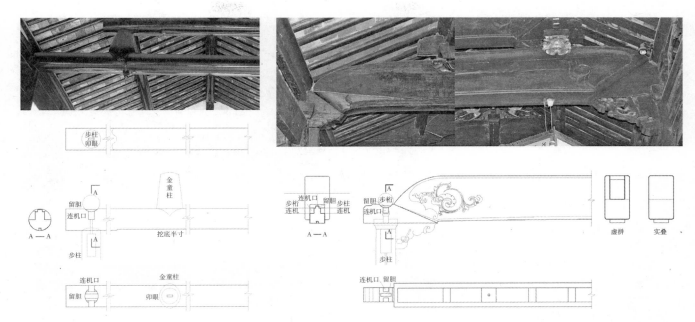

图 4-3-16 圆作大梁　　　　　　　　图 4-3-17 扁作大梁

桁条、连机相交接的槽、榫的位置和形状。梁背卷杀自桁槽内侧的机面线开始，起圆势至深半界处与梁背直线相接。梁底的挖底起自距桁中半界深处，起小圆弧向上挖去半寸，其底面作琴面。梁侧上至机面梁背圆势的起始处，下至挖底的起始位置作斜线，其外侧两面各截去梁厚的五分之一做梁头，而截去的三角形称之为"剥腮"或称"拔亥"。梁头承桁处按桁条的曲率画出圆槽的形状，其下部为与连机相连的榫槽。画线完毕之后，交由专门工匠进行制作。一般扁作梁架的大梁、山界梁的两侧、底面都有雕饰，这是在梁制作加工完成后，利用模板绘出雕花大样再雕花制作的（图 4-3-17）。

（二）山界梁

山界梁也分圆作和扁作，其形式及划线、制作程序等与大梁基本相似。

圆作山界梁（图 4-3-18）的围径取大梁的十分之八，长为两界深再加梁头的伸出部分，梁头伸出部分由于提栈的关系，较大梁短些，一般为一尺左右。山界梁下的挖底也从深半界处开始，其梁背中部凿卯眼与脊童柱相连，而梁底的两端则作卯眼与金童柱相连。

扁作山界梁（图 4-3-19）的梁高、梁厚均以大梁的八折确定，梁头伸出桁条亦为一尺左右。其卷杀、挖底、剥腮的形式与做法与大梁基本相同。

（三）双步（图 4-3-20）

在苏式建筑中，七界平房和厅堂的内四界后一般都连以双步，而边贴中柱落地，其前后也都以双步替代大梁。双步的形式为一端做榫，与柱子相连，另一端凿卯眼架于柱头上，或做云头安放在牌科上。双步也分圆作与扁作，其划线程序与大梁、山界梁基本相似。

圆作双步的围径为大梁的七折，长为两界深加伸出桁条中心的端头长。正后双步后尾用透榫，榫长须大于步柱径；边贴脊柱前后的双步后尾用聚鱼合榫，长三分之二脊柱径；边后双步下还有夹底，双步后尾则用半榫，长半份左右步柱径。

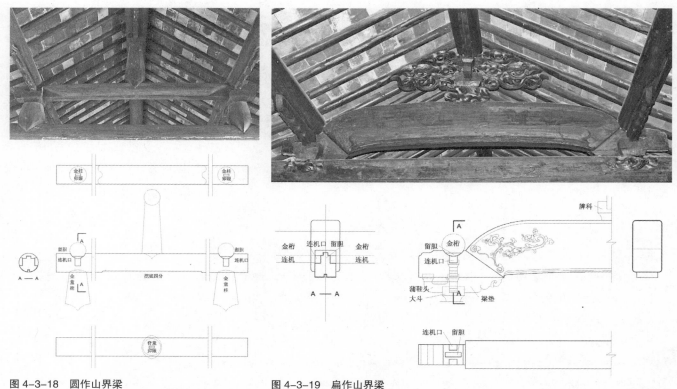

图 4-3-18 圆作山界梁

图 4-3-19 扁作山界梁

图 4-3-20 双步

扁作双步的高、厚尺寸皆为大梁的十分之七，其头尾的处理及尺寸与圆作双步相似。

双步两端虽然都有卷杀、剥腮、挖底，但尾部的卷杀相对短小，其端部略高于机面线，与剥腮不交接。

（四）川（图 4-3-21）

苏地建筑内四界前若深一界，其檐柱和步柱间以"廊川"相连，双步之上以"短川"连以柱与川童（或斗）之间。

圆作川的围径是大梁的十分之六，川头伸出桁中线八寸左右，川尾则用榫与双步相同。川的挖底长仅半界，起始位置距前后桁中线均为四分之一界（图4-3-22）。

双步之上所用的短川也以大梁的六折定其高、厚。短川上端连于柱，下端架于斗。为增加曲势，短川上端的川背较下端高二寸，称之为"捺稍"，同样川下挖底也需做成上端高下端低，高的一侧挖深二寸，低的一侧则为半寸，这使得整个川的形状呈眉状，故俗称"眉川"，亦有称其为"骆驼川"的，也是

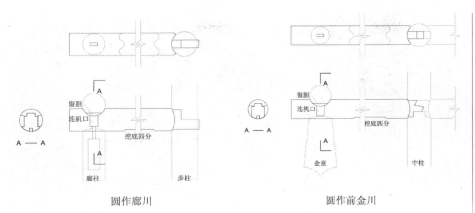

图 4-3-21　川

图 4-3-22　圆作川

因其一侧突起状如驼峰而得名（图 4-3-23）。

扁作因内四界前多用翻轩，且廊川种类较多，其具体的形式及尺寸比例将在"轩梁"部分介绍。

（五）轩梁（图 4-3-24）

轩内使用之梁称为轩梁，轩有内轩和廊轩之分，廊轩也叫外轩，因而轩梁常因轩的位置及形式的不同而差异很大。用作廊轩的轩梁，其一端作榫，插入步柱或轩步柱的卯眼内，另一端则架在廊柱的柱头或牌科上，伸出檐桁或梓桁；而用于内轩的轩梁，其前端架于轩步柱之上，后尾则用榫卯与步柱相连。

茶壶档轩主要是用作圆堂的廊轩，其轩梁最为简单，形式也与圆作廊川相同。廊轩如果与扁作厅相结合，一般要采用弓形轩，其轩梁的段围为界深的十分之二点五，然后锯解成方形，再用相同厚度的木料拼叠，其高厚比通常为一点五比一。弓形轩梁因其形得名，由梁底从距前后桁中线四分之一轩深的腮嘴处上凹做挖底，深半寸左右，梁背则自机面线处向上随挖底起圆势，从而形成弓形弯梁。其梁头伸出檐桁中心一尺八寸左右，高依圆料结方，并按梁厚的五分之一在两侧进行剥腮，并在距檐桁中心八寸处开刻架梓桁与连机，其下与寒梢拱上的升口相接，外端雕作云头。梁尾通过半榫插入步柱或轩步柱。

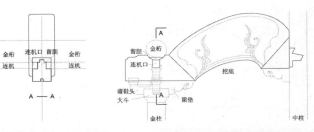

内轩较外轩造型华丽，结构也更复杂。圆料船篷轩的轩梁围径为轩深的十分之二点五，梁头伸出桁中心八寸左右，梁尾做半榫与步柱相连，梁下自四分之一轩深处做挖底，具体造型及加工制作与圆作梁相仿。轩梁上立童柱架月梁，月梁上承圆形截面的轩桁。月梁的围径为轩梁的十分之九，月梁长以轩桁间距加两端伸出六寸确定，而轩桁间的距离通常为轩深的十分之三。

扁作轩梁和圆作的一样，围径也以轩深的十分之二点五确定，然后结方、叠高，其高厚比通常均为一点五比一。梁头伸出及梁尾半榫均与圆作相类似，梁的侧

图 4-3-23　眉川

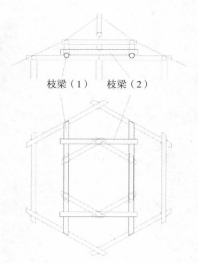

图 4-3-24 轩梁

图 4-3-25 枝梁

图 4-3-26 搭角梁

面造型及雕饰则与内四界扁作梁相仿。菱角轩、船篷轩及鹤胫轩等的轩梁梁背置斗，斗口内承荷包梁。荷包梁的围径以轩梁的十分之八定，结方后叠高，高厚比为二比一。梁长按轩桁间距加两端伸出六到八寸定。梁头剥腮与其他扁作梁相似，梁侧通常也进行雕饰，但由于荷包梁较短，其梁底的挖底转化成一个小圆孔，而梁背仍依挖底起势，形成圆弧形隆起。

（六）枝梁（图 4-3-25）

枝梁主要用于体量较小的亭榭类建筑，目的是为了使室内获得足够的无阻碍空间。枝梁为架在前后檐桁之上的梁架，一般都为圆作，其围径以进深的十分之二点五定，梁长依前后檐桁的间距再加一檐桁径确定。枝梁的造型简洁，为通长圆柱形，两端头下部做阶梯榫与檐桁搭接，搭接部分的高度为桁径的三分之一，上部则依提栈作斜面，以避免对屋面的架设有所影响。

（七）搭角梁（图 4-3-26）

搭角梁与枝梁的功能相似，只是架构位置不同，是斜搭于相邻的檐桁之上的梁架。当建筑尺度稍大但又不想在室内使用柱子时，或在亭榭中希望用较小的料来制作梁架时，常使用搭角梁。大多数搭角梁都为圆作，其对径较檐桁再加一寸，长度可按建筑的水平淌样量出实长，或根据斜搭的角度进行计算得出。搭角梁端头与桁条搭接处的榫卯形式和枝梁相同，只是搭接的角度不同，只需在划线制作时也作相应的变化即可。在实际建筑中，也有在一些修饰考究的四面厅中使用扁作搭角梁的，如拙政园的远香堂，其造型和架构方法皆与双步梁相似，只是它成 45° 角架构。

三、枋

枋类构件在传统建筑中主要起拉结和稳固梁柱的作用，属于建筑中的联系构件。

（一）檐（廊）枋、步枋和脊枋

枋是在开间方向上柱与柱之间起相互拉结作用的联系构件（图 4-3-27）。依据位置的不同枋有檐（廊）枋、步枋和脊枋等区分，但其形式和尺寸却大致相同。枋的断面呈矩形，枋高通常以柱高的十分之一定，但可视实际情况作适当增减。考虑到木料的尺寸，枋高一般最高不超过一尺二（约 330mm）。枋厚则有三寸、四寸、五寸及六寸（约 85mm、110mm、135mm、165mm）等几种规格，平房及厅堂根据其建筑规模的大小通常会选用三寸或四寸厚（约

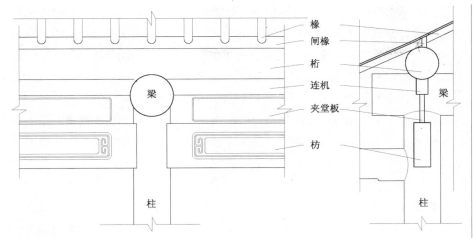

图 4-3-27　枋与梁柱等的关系

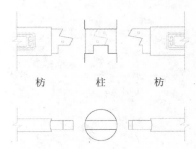

图 4-3-28　枋端榫卯构造

85mm、110mm）的枋子。殿庭由于建筑尺度较大，且有时枋上还要安装牌科，所以枋厚不能较斗底宽小。枋子的高厚比一般为等于或大于二比一的比例，这是因为过去匠人加工枋子时常常是将圆木结方，然后剖为两条而成。枋的长度为开间的面阔减去一柱径再加两端的榫长，大多数枋子的两头做的是大进小出聚鱼合榫（图 4-3-28）。廊枋、拍口枋在转角处做十字箍头榫，所以其端头需伸出柱外半个柱径。

　　檐（廊）枋位于檐（廊）柱的柱头（图 4-3-29），不带牌科的建筑的檐枋上皮一般较柱头端面稍下，枋与桁下连机之间会留六至八寸的间隙以安装夹堂板；而厅堂、殿庭等檐下置牌科的建筑，其廊枋上皮要与柱头顶面齐平，上承斗盘枋。亭榭类建筑的檐枋有时直接与檐桁叠接，则称"拍口枋"，其上皮也与柱头端面齐平。步枋连于步柱的上端，不做翻轩的平房，在步枋与步桁下连机间装有高八寸（约 220mm）的夹堂板，若步柱之前连以翻轩，则步枋要么下皮与轩梁的机面齐平，要么上皮和翻轩上部的椽背同高。门第脊柱落地，脊柱的上部要用脊枋相联系，脊枋由于其位置的不同而有"额枋"、"过脊枋"和"夹堂枋"之分。额枋位于门扇的上部，如果门第不大，或其装饰要求不高，额枋上皮直至脊桁连机之下，单用高垫板封护。但如果要在脊桁下置牌科，则需在柱头连以过脊枋。若额枋与过脊枋之间间距过大，需在额枋与过脊枋之间增加一条夹堂枋，则将垫板分隔为上下两段。

图 4-3-29　檐（廊）枋

　　枋子的划线顺序是，首先将经初加工的方料在两个端面画出垂直中心线，并按中心线弹长度方向的上下中线。对于要求较高的枋子，其四楞需刨出木角线，则木角线的位置也要弹线。接着用六尺杆量出开间（柱中到柱中）尺寸，并以此为基准，两端各减半份柱径以计算并标出柱间净宽以及榫头长度、枋背安蜀柱的卯眼。蜀柱是在枋的上部加装夹堂板时，为防止夹堂板过长发生翘曲变形而用来分隔夹堂板的。转角处的廊枋或拍口枋还需标注出头长。最后用样板画出枋的榫肩、榫头等的轮廓线。此外，要注意檐（廊）柱的收分，在做榫肩时必须考虑上下口尺寸的差异。

　　（二）机与连机

　　在苏式建筑中，其桁条之下用机，机的作用有三个，一是提高桁条的承载

图 4-3-30　短机

能力，二是起拉结上部桁条的作用，三是能增强室内装饰的效果。机分短机和连机两种，短机用于脊桁、金桁及轩桁之下，机长为开间的十分之二，机厚与枋相同，高厚比为七比五。由于装饰的要求，短机常雕出水浪、蝠云、花卉、金钱、如意等各种花饰（图4-3-30）。正贴梁架左右的脊机（脊桁下的短机）做成一体，机背当中嵌一木榫——"川胆机"，其厚半寸，高三寸，长七寸左右，并机背两端用半寸见方的硬木销与脊桁相连。通长的连机则用于檐桁、步桁和轩步桁之下，其断面与短机相同或稍小，如平房、厅堂常用三寸乘五寸或四寸乘六寸的方木，而殿庭多用五寸乘七寸的方木。

（三）斗盘枋（图4-3-31）

在带牌科的厅堂、殿庭类建筑中，斗盘枋平置于廊柱柱头上，其下接廊枋，上承牌科。斗盘枋厚为二寸，宽较斗面放出二寸，长度为开间面阔再加一羊胜式榫（燕尾榫）长，约为四寸（约110mm）。转角处相邻的两斗盘枋做十字搭交榫，端头由角柱中心向外伸出一个柱径。

（四）随梁枋、四平枋（图4-3-32）

殿庭建筑由于尺度较大，其大梁之下常辅以随梁枋，一方面可以提高大梁的承载力，另一方面还能增加室内装饰效果，这是因为在梁枋之间安置有两座斗六升牌科。随梁枋高与步枋相同，厚与斗底等宽或稍宽，长为内四界深再加一步柱径，两端头做大进小出榫。如果殿庭大梁大于六界时，随梁枋和步枋下还要再加一道"四平枋"，或称"水平枋"，这是因该枋子四周相平兜通而得名，其尺寸大小与相对的随梁枋和步枋相同。

（五）夹底

在边贴的双步、廊川之下，通常还要用枋子将前后柱子进行拉结，这就是"夹底"。夹底的位置通常和相邻的枋子平齐，双步、廊川与夹底之间的间隙

图 4-3-31　斗盘枋

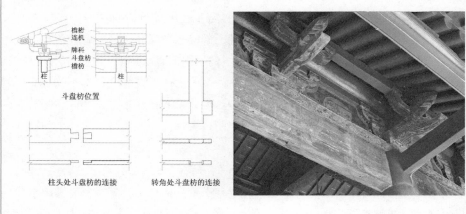

檐桁
连机
牌科
斗盘枋
廊枋
柱　柱

斗盘枋位置

柱头处斗盘枋的连接　　转角处斗盘枋的连接

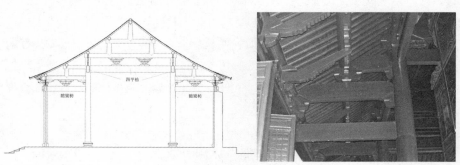

四平枋

随梁枋　　随梁枋

图 4-3-32　随梁枋、四平枋

则用楣板封护。双步下的夹底，其高、厚为正双步的八折。脊双步之下的夹底用聚鱼合榫与脊柱相连，而用大进小出榫与步柱相连；后双步下的夹底两端都为大进小出榫。廊川下的夹底为正廊川的十分之九，其两端头皆做大进小出榫。夹底制作一般都先用圆木结方，然后将方料剖为两条，使之高厚比为二比一的比例。

图 4-3-33　桁

四、桁

桁条也称栋，为平行于开间方向的承重构件，通常架于梁端（图 4-3-33）。根据其位置的不同，可以分为梓桁、檐桁、步桁、轩桁、金桁及脊桁等，其中檐桁、步桁、金桁、脊桁等均为圆作，而梓桁和轩桁则需根据建筑构架是圆作还是扁作来确定其断面是选用圆形还是矩形。

通常桁条围径以正间面阔的十分之一点五为定例，其中梓桁和轩桁如果用圆料，其围径取檐（廊）桁的十分之八，如果用方材，则为斗料的八折。安装在正贴梁架上的桁条，其长度为开间长再加一羊胜式榫头长，榫长则为十分之三桁条对径。安装在硬山边贴上的桁条，为使其与梁的外缘平齐，将桁头伸出梁中线半个梁径或半份梁厚。而架于殿庭歇山顶山花内侧的桁条，需根据建筑规模伸出构架中心线二尺半（约 700mm）左右。四坡顶的檐桁，其桁头需伸出柱中一尺（约 300mm），并在柱中做十字搭交榫，以满足其端头正交搭接的要求。多角攒尖顶的桁条则为斜交搭接，其端头伸出及榫的形式也依据搭接要求作相应的调整。

桁条划线的顺序是：首先在已经初步加工好的木料的两个端面划出十字中心线，并弹出长度方向的四面中线，其次用相应的六尺杆对准桁背中线，标注出椽位线，接着在桁条一端量度并画出羊胜式榫头线，该榫头长与宽相等，根部则按宽的十分之一收分，在桁条另一端画出相应的卯口线，并在桁底依中线画出开科的宽与深。如果所划线桁条是需要搭接的，则以桁条上下中线为基准，依其对径的四分之一在中心线两侧划平行线，再用角尺在上下柱中位置，按搭接角度划出中线及其两侧的平行榫缘线，最后再用直尺划出通过中点的对角线。划线完毕后就进入加工制作环节。

五、椽（图 4-3-34）

椽子架于桁条之上，其所在位置不同，各有不同的称谓，如介于脊桁与金桁间的"头停椽"，头停椽以下为"花架椽"，伸出檐桁的称"出檐椽"。厅堂、殿庭类建筑较平房规格高、尺度大，因而在出檐椽上还加钉"飞椽"，此外，四出屋面的屋角处要用"摔网椽"，即由垂直于开间方向逐渐向斜向过渡，以便与临边的椽子衔接，如果屋角用"嫩戗发戗"起翘，则还需在摔网椽的前端设置"立脚飞椽"。

头停椽、花架椽和出檐椽的围径都以界深的十分之二确定，其断面有两种，一是有荷包状的，即圆断面上部截去对径的四分之一，二是四比三的矩形。头停椽及花架椽的长度为界深乘提栈算数，出檐椽一般伸出檐桁之外半界，具体斜长是以廊深乘提栈算数再加一以二寸为递进级数的数值，值取一尺六至二尺四。飞椽断面都是矩形，其宽按出檐椽宽的十分之八定，高则为宽的四分之三，椽头挑出出檐椽约四分之一界深，也以二寸为递进级数，其椽尾为楔形，长度

图 4-3-34　椽

要略长于出檐椽伸出檐桁部分，也就是飞椽的椽尾必须伸至檐桁中心线以内。飞椽通常会两条成对划线制作，以两份椽头长加一份椽尾长确定木料的长度，并在中间斜向锯解，则得到两条形状相同的飞椽。关于摔网椽与立脚飞椽的内容将在后文中介绍。

六、其他构件

（一）闸椽、稳椽板、里口木、眠檐、瓦口板、勒望及栏灰（图 4-3-35）

"椽豁"是指椽与椽之间留下的空档，为了填塞桁条上这些椽间的空隙，一般都要在桁背钉上闸椽或稳椽板，同时这样还能起到控制椽间间距的作用。闸椽是钉于桁上椽豁内的短木条，其宽半寸，高与椽厚平，安装时首先在两根椽子的侧面开槽，槽深、槽宽都为半寸，然后用闸椽嵌入并钉在桁背的中心线上固定。稳椽板为厚半寸左右的通长板条，在板上架椽的位置开凿出和椽子断面形状相同的缺口，似锯齿状。安装时先将稳椽板钉在桁背中心线的内侧固定，然后将椽架于缺口之中。

在出檐椽与飞椽之间，有一层望砖（板）相隔，里口木是钉在出檐椽的椽头之上的，起到加强出檐椽与飞椽的联系以及封护飞椽椽豁空档的作用。里口木高为一份望砖厚加一份飞椽厚，厚约二寸半，斜剖得断面呈直角梯形形状的两条，长与开间同。在里口木上按飞椽的位置及大小开凿缺口。安装时首先将里口木钉在出檐椽背的前端固定，然后自里口木向内铺望砖（板），最后将飞椽横卧于出檐椽的前部，椽头则由里口木的缺口中挑出。

"眠檐"是一条通长的木条，是为了防止望砖下滑，钉在飞椽的前端，如果不用飞椽，则钉在出檐椽的前端。眠檐厚同望砖，宽为一寸。而钉在上下两椽的交接处的通长木条则称"勒望"，其尺寸与眠檐相同，作用也同眠檐一样，是防止望砖下滑。勒望和眠檐一起共同分担望砖的下滑推力。勒望须钉在闸椽或椽稳板上，以便与梁架间牢固结合。

建筑一般都要在椽端的眠檐上加钉瓦口板，只有极简陋的建筑除外，这样可以起到防止瓦片下滑的作用，同时能封护瓦端空隙。瓦口板通常用宽六寸、厚八分的通长木板成对锯解而成。板的两侧需留出八分宽的边缘，中间根据瓦楞的大小，画出碗状起伏曲线，然后依据所画线形，锯成高五寸，形状相同的两条。安装时将平直的一边钉在眠檐上固定，并再用铁搭一端钉于瓦口板的上缘，一端钉在椽子上，以增加其稳定性。覆瓦时需先将带滴水的底瓦两侧各锯一槽，嵌入瓦口板的缺口中，然后向上铺设整垄底瓦，接着将带勾头的盖瓦覆

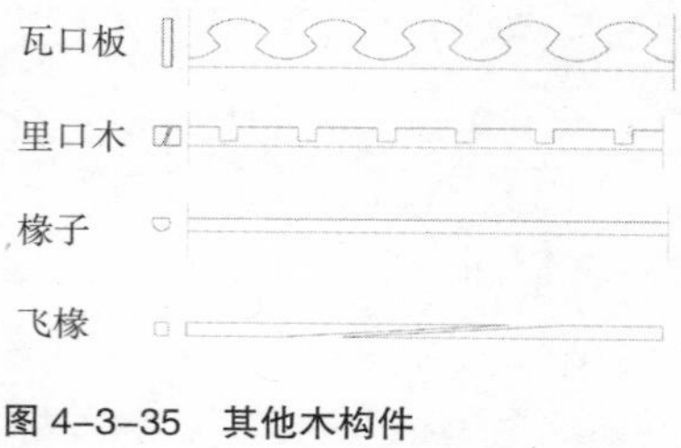

瓦口板

里口木

椽子

飞椽

图 4-3-35　其他木构件

于突起的瓦口板上，最后向上铺设整垄盖瓦。

在屋面望砖（板）之上，通常还要遍铺一层灰砂，灰砂层在檐口处较薄，而屋脊处较厚。在铺设灰砂时，需在望砖（板）上每间隔一定距离加钉拦灰条，以防止铺灰时灰砂下泻，拦灰条断面形状和尺寸没有严格的要求，长需与整个屋面等宽。

图 4-3-36　水戗发戗、嫩戗发戗

（二）戗角

我国传统建筑的主要特色之一就是屋角起翘，但由于我国地大物博，民族众多，因而我国各地屋角起翘的形式及其构造各有特点，并不完全相同。苏地建筑的屋角称为"戗角"，依起翘的形式分为水戗发戗和嫩戗发戗两种（图 4-3-36），其做法也有很大的差异。

1. 水戗发戗

所谓"水戗"原指四坡顶（或多角攒尖顶）相邻两屋面合角处砌筑的斜脊，而"发戗"意为"构造"，或也可解释为"起翘"。严格地说水戗发戗与屋面下的木构架并无关系，其实际是由屋角处的斜脊在下端嵌入一个"开口戗"而形成的起翘（详见"筑脊"部分）。

水戗发戗的构造是在屋角处斜架一条角梁，即"老戗"，其水平投影与两相邻面檐桁的夹角相同，如四坡顶为 45° 角；六角攒尖顶为 60° 角；八角攒尖顶则为 67.5° 角，老戗后尾承于步桁之上，前端从两相邻檐桁的交角叉口中挑出，出挑长度由"放叉"确定。所谓放叉就是指戗角的出檐较次间出檐呈曲线状向外叉出，如四坡顶放叉是以相邻两屋面出檐椽长按水平投影再向外放出一尺（约 300mm），以定出老戗出挑的水平投影长度。老戗的断面尺寸为宽六寸（约 165mm），高四寸（约 110mm），戗底做"篾片混"，也就是两边刨出半寸左右（约 15mm）的圆弧，戗背较底面在两侧各收五分（约 15mm），形成"反托势"，其前端作卷杀花纹。老戗之上置"角飞椽"，其形状和厚度均与飞椽相同，宽则与老戗背相等。角飞椽挑出老戗前端的长度约为飞椽挑出长度的一点五倍，较讲究的建筑会在其头部作卷杀花纹。为了屋角处的望板（砖）能铺设稳固，在将老戗和角飞椽上下叠合之后，还需要进行"车背"，也就是将它们的背面中心线两侧刨成斜面（图 4-3-37）。

2. 嫩戗发戗

嫩戗发戗的屋角起翘由于全属木作，所以也被称之为"木骨法"（图 4-3-38）。嫩戗发戗的构造步骤如下：首先在转角之处的廊桁上架老戗，戗尾搁在步桁上，如果步柱与廊柱之间相距二界时，则戗尾架于步桁之外的"叉角桁"上。桁下支童柱，而童柱立于搭角梁上，搭角梁则架在前旁的廊桁上。嫩戗发戗的老戗前端挑出长度的确定方法与水戗发戗的相同，而不同的是嫩戗发戗的老戗前端不是用角飞椽横卧在老戗背上，而是上立嫩戗，使老戗与嫩戗之间构成一定的角度。殿庭由于用料较大，嫩戗起翘角度可适当平缓，一般定"泼水"一寸到一寸二（约 27.5~33mm），即水平线长一寸（约 27.5mm），垂直线长一寸二（约 33mm），以此作两直角边以确定直角三角形，以其斜边定嫩戗的中心线。而亭榭的嫩戗由于起翘陡峻，故其泼水不得小于一寸到一寸六（约 27.5~44mm）。在老嫩戗交接处的戗背填以"菱角木"、"箴木"和"扁担木"，

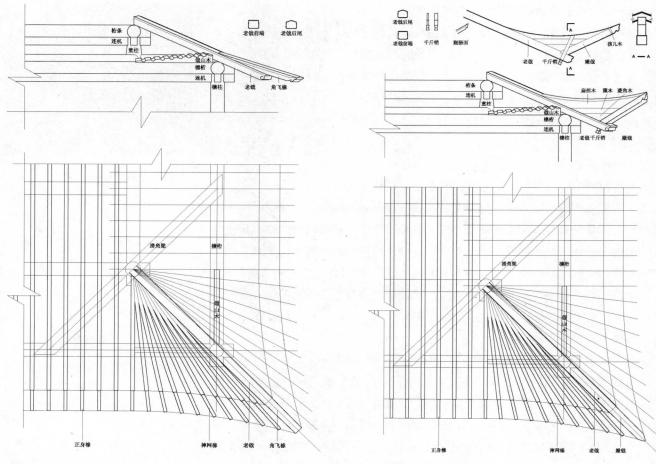

图 4-3-37 水戗发戗

图 4-3-38 嫩戗发戗

图 4-3-39 嫩戗

使之曲线顺畅、舒适、优美。同时，为加强老戗与嫩戗间的整体性，除在嫩戗根与老戗头开槽连接之外，于老戗的前端用一种名为"千斤销"的长木销将老戗头、嫩戗根、菱角木、箴木及扁担木串在一起，并在嫩戗的前端还用一种名为"孩儿木"的木销贯穿于嫩戗和扁担木，使整个屋角稳固（图 4-3-39）。

厅堂及殿庭老戗所用的木料与坐斗相同，如使用五七斗的建筑老戗宽为七寸（约 200mm），高五寸（约 140mm）；而用双四六斗的老戗宽一尺二（约 330mm），高八寸（约 220mm）。而亭榭之类建筑的老戗宽为六寸（约 165mm），高仅四寸（约 110mm），或以此高宽比例再予缩减。其他也如上述水戗发戗中的老戗一样，戗底作箴片混、戗面做反托势等。在老戗头部距端面三至四寸（约 100mm）处背面开槽以坐嫩戗，其前端做卷杀花纹，戗尾尺寸按戗头八折收减。老戗的长度需按淌样求出，同时还要考虑放叉尺寸及后尾交接处的榫卯尺寸。

嫩戗用料，其根部尺寸为老戗头部的十分之八，戗头则再按戗根的八折收减，嫩戗长为飞椽挑出长度的三倍。嫩戗上部要锯解成尖角斜面，也就是俗称的"猢狲面"，以便与前旁的"遮椽板"相合。嫩戗的斜楞泼水为一寸（约 27.5mm）到一寸四分半（约 40mm），即由嫩戗尖的中心线作垂直线，线长一寸四分半（约 40mm），然后作水平线，线长一寸（约 27.5mm），戗尖与水平线另一端点的斜线即为斜面楞线。此外，戗面两侧也要做出箴片混。

（三）摔网椽与立脚飞椽（图4-3-40）

"摔网椽"是位于屋角的椽子，该处布椽与其他位置不同，其出檐椽的上端以步桁处戗边为中心呈放射状架设，因其形如捕鱼时撒出之网，故而得名。摔网椽每根长度不一样，因在屋角布椽，是从一个直角三角形的锐角向对边架设，加上屋角还有放叉，要使其前端与放叉曲线相齐，摔网椽须逐根放长。每面摔网椽的根数都为单数，如七根、九根直至十三根。为了与老戗戗背相平，摔网椽下须在檐桁及梓桁背用三角形的"戗山木"予以逐根垫高，这是由于老戗高度较出檐椽高许多造成的。

与正身出檐椽前设置飞椽一样，摔网椽在出檐椽的前端也须设置飞椽。如果是水戗发戗，其连接方法与正身出檐椽和飞椽的叠合相似，飞椽也是横卧于出檐椽上，只是其长度需逐根加长。如果是嫩戗发戗，则会将飞椽由靠近正身飞椽处的平卧逐渐过渡到紧临嫩戗处的直立，并且椽长逐渐加大，直至与嫩戗上端相齐，这就是"立脚飞椽"。立脚飞椽的下端还要钉短木——"捺脚木"。为了保证立脚飞椽与出檐椽能联结稳固，其相间的里口木也要随之逐渐增高，成为"高里口木"。

由于摔网椽所处位置特殊，特别是其形状各不相同，所以它的划线锯解比较复杂。其中相对简单的是荷包状的摔网椽，只需将椽尾中心线两侧按拼合部位锯成尖状即可，同时须注意椽背平面由平到斜的过渡；而矩形断面的摔网椽较为复杂，由于其断面实际呈平行四边形，因此在加工时就要十分注意其断面的变化，而其尾部的锯解则与荷包状摔网椽相似。不过划线锯解最为复杂的还是立脚飞椽，除了其断面呈斜向的平行四边形外，更麻烦的是其从根部到上端还有空间上的扭曲，这使得其划线锯解变得复杂。

图4-3-40　摔网椽与立脚飞椽

七、牌科

"牌科"即斗栱，是吴地对其的俗称。斗栱在我国传统建筑中，是一种特殊的标识性构件，带有明显的国家特色与民族特色，不仅能作为联系屋面到屋身的过渡，承载屋檐重量并将其传导到柱、枋以至建筑基础，还具有在造型上装饰建筑立面的作用。而且在宋《营造法式》和清《营造则例》中，斗栱的某一尺寸都被用来当做权衡该建筑各部分尺度、比例的基准，因而斗栱具有多种规格，可以满足不同建筑的需要（图4-3-41、图4-3-42）。在苏式建筑中，

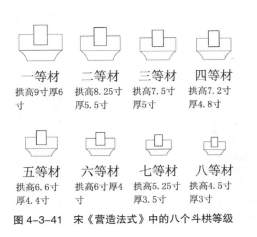

一等材
拱高9寸厚6寸

二等材
拱高8.25寸厚5.5寸

三等材
拱高7.5寸厚5寸

四等材
拱高7.2寸厚4.8寸

五等材
拱高6.6寸厚4.4寸

六等材
拱高6寸厚4寸

七等材
拱高5.25寸厚3.5寸

八等材
拱高4.5寸厚3寸

图4-3-41　宋《营造法式》中的八个斗栱等级

一等斗口
拱高8.5寸厚6寸

二等斗口
拱高7.7寸厚5.5寸

三等斗口
拱高7寸厚5寸

四等斗口
拱高6.3寸厚4.5寸

五等斗口
拱高5.6寸厚4寸

六等斗口
拱高4.9寸厚3.5寸

七等斗口
拱高4.2寸厚3寸

八等斗口
拱高3.5寸厚2.5寸

九等斗口
拱高2.8寸厚2寸

十等斗口
拱高2.1寸厚1.5寸

十一等斗口
拱高1.4寸厚1寸

图4-3-42　清《营造则例》中的十一个斗栱等级

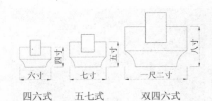

图 4-3-43　苏式建筑的牌科规格

四六式　　五七式　　双四六式

牌科的规格较少（图 4-3-43），因此一般不起充当尺寸基准的作用，除此之外其作用与其他地方的斗栱基本相同。

（一）牌科的种类

牌科不是单体构件，是一类构件的总称。

牌科依据其所处位置的不同，可以分为"柱头牌科"、"桁间牌科"、"角科"以及替代梁上短柱的"梁端牌科"、"隔架科"和"襻间牌科"等。

柱头牌科位于柱头之上，是用来承托出檐的梓桁的，其坐斗及十字拱上的升需要加宽，以便廊川或轩梁的前端穿过牌科伸至檐下。柱头牌科之斗三升拱、斗六升拱等都要较桁间牌科长，即斗口按伸出的云头确定，而十字拱等则要与云头同厚（图 4-3-44）。

桁间牌科是位于两柱之间的牌科，主要起到填充、装饰桁及枋间空隙的作用，也可以与柱头牌科一起承托出檐的梓桁。由于其不与梁发生关系，因此桁间牌科开间方向的尺寸较柱头牌科小，有时两者所采用的形式也会略有差异（图 4-3-45）。

角科位于角柱之上，如果是硬山建筑，角科在开间方向的拱只向一面伸出，并与山墙一起分担承载梓桁、屋面的重量。如果是歇山、四合舍屋顶，角科不仅承托梓桁、屋面的重量，还需支承戗角的荷载，因而其除正面和侧面向外出挑外，还要设置斜向拱等构件（图 4-3-46）。

在扁作的建筑中，童柱基本上为牌科所替代，用以承托上部的梁、桁的荷载，这就是处于梁端和梁背的牌科，即梁端牌科和梁背牌科（图 4-3-47），其类似于宋《营造法式》中的"把头绞项作"。

隔架科（图 4-3-48）通常用于殿庭等进深较大的建筑，在双步梁下与随梁枋之间，以及大梁下与四平枋之间，常用牌科联系，这就是隔架科，而在脊桁与脊枋之间还有襻间牌科（图 4-3-49）。若殿庭建筑室内有吊顶天花，有时也会用牌科予以支撑，即棋盘顶牌科（图 4-3-50）。

图 4-3-44　柱头科

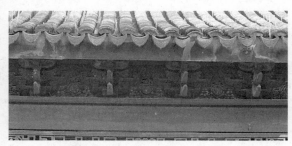

图 4-3-45　桁间牌科

图 4-3-46　转角牌科

图 4-3-47　梁端梁背牌科

图 4-3-48　隔架科

图 4-3-49　襻间牌科

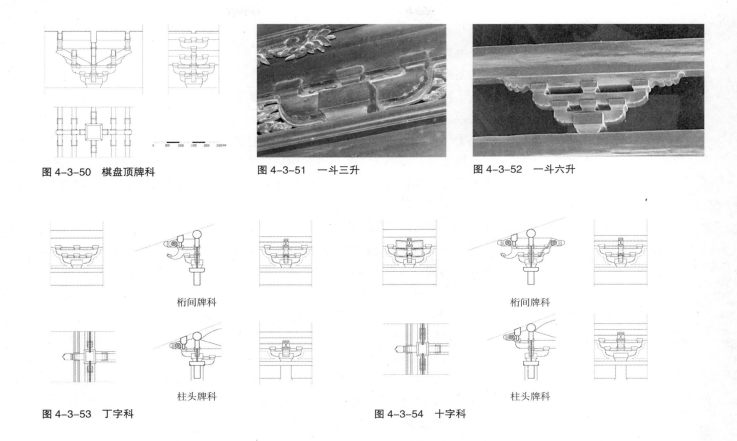

图 4-3-50 棋盘顶牌科

图 4-3-51 一斗三升

图 4-3-52 一斗六升

桁间牌科　　　　　　　　　　　桁间牌科

柱头牌科　　　　　　　　　　　柱头牌科

图 4-3-53 丁字科　　　　　　　　　图 4-3-54 十字科

牌科依据其形式，可以分为"一斗三升"（图 4-3-51）、"一斗六升"（图 4-3-52）、"丁字科"（图 4-3-53）、"十字科"（图 4-3-54）、"琵琶科"（图 4-3-55）及"网形科"（图 4-3-56）等几种。

一斗三升是最简单的牌科组合形式。坐斗置于斗盘枋上，坐斗面朝桁向开口，口内架拱，拱面的正中及两端各安一升，故名一斗三升。升面也要开与斗面方向相同的口，口内架檐桁下的连机。一斗三升主要用作桁间牌科，而与之相配合的柱头牌科则要在坐斗面开以十字口，口内用"蒲鞋头"、"梁垫"和拱十字相交，蒲鞋头是一个从坐斗向外伸出的半拱，北方称之为"丁头拱"，其端部置升，上承云头，挑承梓桁，其后部则做成梁垫，置于廊川或轩梁之下，两者相互叠合，端部雕作"蜂头"状。此处蒲鞋头和梁垫实为一个构件的内外两部分。梁垫之下再用一个蒲鞋头支撑在坐斗与梁垫之间。

一斗六升就是在一斗三升之上再加一层拱及三个升而成。这类牌科既能用在桁间牌科，也有代替脊童柱用于扁作脊桁与山界梁之间的，该情况下拱的长度较桁间更长。与一斗六升相配合的柱头牌科，其向内外出挑的蒲鞋头、梁垫相应与斗六升拱十字相交，由斗三升拱上中间的升中挑出，梁垫下的蒲鞋头支撑在斗三升拱与梁垫之间，因而需作相应的提高。

为使桁间牌科能与相互配合的柱头牌科有相同的形象，会在坐斗之上用"出参"（北方称之为"出跳"）的拱、升，如只向外出参，就是"丁字科"，如向内向外出参，就是"十字科"。

丁字科在坐斗的斗面开丁字形口，用丁字拱向外出参，在其上再挑出昂和云头承载梓桁，与丁字拱相对应，昂和云头也只有向外伸出部分。丁字拱的

图 4-3-55 琵琶科

图 4-3-56 网形科

形式与蒲鞋头相似，只有半个拱形。由于桁间牌科使用丁字牌科，就与柱头牌科形式一致，使得在外立面上建筑檐下的造型更加统一，形象也更为丰满。而在室内方向，丁字科并没有内向的出参，仍是一斗六升的形象。丁字科大多用于祠堂的门第及厅堂建筑之中，通常为一拱一昂五出参，一般三出参极少使用。

十字科与丁字科的不同在于其上的十字拱、昂、云头都同时向内向外伸出，因而坐斗斗面开十字形口，口内置十字拱与斗六升拱相交，拱端安升，升上架昂，如果为一层昂，就是单拱单昂五出参，如果是两层昂，则为单拱重昂七出参。单拱单昂五出参可用于厅堂、殿庭，单拱重昂七出参基本只用于殿庭。十字科仅向外做成昂形，向内出参仍为拱形。十字科最上部为云头，外出云头的前端承载梓桁，内出的云头仅为单纯的装饰，与屋面没有紧密的联系。

在丁字科和十字科出参的拱端有时会加装枫拱，以进一步增强牌科的装饰性。"枫拱"是一块厚六分，阔五寸左右，长近二尺的木板，其中部收小，做成古时官帽的帽翅状，斜装在拱端的升口内，对其两侧板面需进行雕刻装饰，可以是卷草之类的简洁纹样，也可以是华丽的戏文故事。

与丁字科或十字科相配合的柱头牌科，其坐斗都需开十字口，如使用一斗六升时，要用十字拱代替梁垫下的蒲鞋头，而梁垫后尾向外伸出的蒲鞋头要做成昂形，其上梁头需收小减薄，作云头以承梓桁。

角科一般用在四合舍、歇山等殿庭建筑中的转角处，其构造不同于桁间牌科及一般的柱头牌科，需三个方向出参，且牌科上有无桁向拱也影响其结构。如果不用桁向拱而是与十字科、丁字科相配合，角科正面坐斗上第一层斗三升拱向外伸出，成为侧面向前出参的十字拱，侧面的斗三升拱向前伸出，又成为正面的十字拱，在它们的交接处还要再置一个长度等于方形之合角的45°斜出的斜拱。

苏地琵琶科与清官式建筑中的镏金斗栱较为接近。琵琶科在廊桁中心线之外部分，其形式和构造与十字牌科或丁字牌科完全相同。而廊桁中心线以内部分，则在坐斗内承十字拱，其上以昂的后尾延长做名为"琵琶撑"的斜撑，撑的下端支于十字拱的中心，在十字拱内出之端头的升口中，呈三角形的"眉插子"与撑的下部拼合，并将其填塞牢固。琵琶撑依屋面坡度平行上斜，至上端头架斗三升拱及升，其上承载连机与部桁。为加强其联结的整体性，自琵琶撑底以一名为"冲天销"的长木销贯穿稳固。

网形科通常用在木牌楼上，其形式较特殊。当牌楼使用十字牌科时，其坐斗的高、宽与其他牌科相同，但坐斗深较普通牌科加倍，做成双十字斗口，即其斗面纵向开一道口，横向则需开二道口。而当做网形牌科时，坐斗在双十字开口的基础上，再开45°斜口，并左右各出斜拱或昂，相交于两座牌科中间。斜拱之上为直拱，直拱之上为斜拱，斜拱之上复为直拱，各层斜向拱、昂的排列均与下层相同。网形科通常由数座构造相同的牌科组成，其拱昂连续交错，一侧斜拱的下端延长作斜昂，上下拱、昂相间斜出。一般坐斗上的第一层构件正置，呈井字形架构，第二层则将井字形结构转向45°，与下层成45°架构，第三层又正置，其上再45°架构，层层相间，以此类推，使之搁置平衡。牌

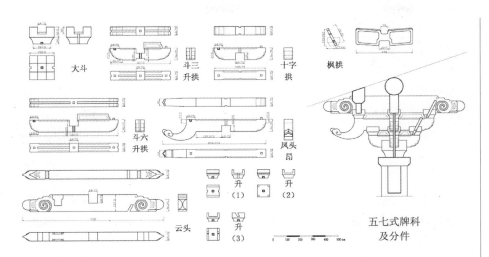

大斗　斗三升拱　十字拱　枫拱

斗六升拱　凤头昂

升(1)　升(2)　升(3)

云头

五七式牌科及分件

图 4-3-57　牌科构件

楼的角科结构与用桁向拱的角科结构相同。网形科的斗或升需要搁置比较多的拱、昂和牌条，因而无法开口，不做斗腰或升腰。而且有些构件之间还会采用通长交错及断料虚做的方法，以解决各组牌科之间距离较近、构件之间相交过密的现象。如坐斗纵向出十字拱时，其十字拱和牌条为通长料，斜拱及相邻牌科间的十字拱则为断料虚做，而其上皮的斜拱又是用通长料。

（二）牌科各部件

牌科不是单体部件，主要是由斗、升、拱、昂（图4-3-57）等构件组合而成，苏式建筑的牌科规格仅有四六式、五七式和双四六式等几种，相较于宋、清官式斗栱要少很多。其中四六式牌科因其式样小巧，主要用在亭阁、牌楼之上；五七式牌科常用于厅堂及祠祀类建筑的门第上；双四六式牌科尺度较大，一般用于殿庭类规模较大的建筑。

1. 斗

一组牌科中最下面的构件称为斗，也叫坐斗，坐于斗盘枋或梁背上，其上安拱。斗的形状为方形木块。如果是"四六式"牌科，其斗高为四寸，斗面宽为六寸，斗底面宽也为四寸。如果是"五七式"牌科，则其斗高为五寸，斗面宽为七寸，斗底面宽亦为五寸。其斗高分为五份，斗底占二份，若"五七式"即为二寸，斗腰为三份，若"五七式"即为三寸，其中上斗腰占其二，下斗腰占其一。坐斗开口视牌科的形式而定，如在斗面开一字、十字或丁字形槽，当中留胆高五分。斗底面开凿一寸见方，深也一寸的斗桩榫眼，坐斗两侧开半寸宽的垫拱板槽。"双四六式"则是四六式牌科尺寸的二倍，即斗高为八寸，斗面宽为一尺二，斗底面宽为八寸。

以上坐斗规格均为桁间牌科，若用于柱头牌科时，斗高仍为上述尺寸，斗底宽则与柱头径相等，斗面较斗底两面各宽一寸。用于梁背时，斗高及正面斗底、斗面宽均按所用牌科的一般规定，其侧面斗底宽则同梁背，斗面宽较斗底前后各出一寸。

2. 升

升安于拱昂之上，亦为方形木块，形式与斗类似，其上承托拱、昂、云头、连机等。如五七式牌科的升高为二寸半，升面宽为三寸五，升底面宽与高相等，也为二寸半。升高同样也分配为五份，其上升腰占两份，高为一寸，下升腰占一份，高半寸，升底高一寸。根据所处位置的不同，升面开口也有不同。如位于斗三升拱或斗六升拱两端部的升，其升面开一字形槽，两侧槽口下开垫拱板或鞋麻板槽，宽为半寸；位于十字拱前后端的升，仅升面开一字形槽，如果要安装枫拱，则在升面开斜向的六分宽深及下升腰的枫拱口，泼水为二分之一拱高；丁字牌科的斗三升拱中心的升，其升面开丁字形槽；在十字牌科中心的升，以及上承桁向拱、昂或云头等的升都是开十字形槽。升的底面用四分见方的硬木销与拱、昂连接固定。

与斗一样，在四六式或双四六式的牌科中，升的尺寸都要按比例缩放，即四六式牌科所用的升，面宽三寸，高二寸；而双四六式中的升，面宽六寸，高四寸。此外在柱头牌科中，升的宽度需依梁头伸出的宽度加宽。

3. 拱

拱是牌科中水平放置的构件，其名称是依据所处的位置而确定，如"斗三升拱"是承于斗口中的与桁条方向平行的拱，而架于斗三升拱上面的称为"斗六升拱"，垂直相交于斗三升拱的是"十字拱"，若十字拱仅做一半，只向外出参，没有向内出参的拱称为"丁字拱"，此外还有一种仅做一半的拱叫做"蒲鞋头"，其后部是插在柱或坐斗上的，还有"桁向拱"，则是十字拱上的升口内所承的横拱。

拱的断面尺寸与升相同，如五七式牌科拱高为三寸五，厚为二寸半；四六式牌科为高三寸，厚二寸；而双四六式牌科为六寸乘四寸的断面。五七式的斗三升拱，长为斗面宽（七寸）加两侧各出二寸半再加二升底宽（二寸半），共计一尺七寸长。拱底中心按照斗口内的留胆规格进行开刻，两端做卷杀，卷杀为三瓣（亦称三板），自距斗面外缘一寸半处开始，至拱端面距拱背一寸处为止，与侧面相合的楞边则做深三分半圆形的铲边。拱背在升底面边缘以外做拱眼，即深、宽尺寸均为三分的凹线。如果是与十字拱相交，拱背中心还要开深为拱料一半，宽同拱厚的十字交口。为使斗三升拱与十字拱的结合不留缝隙，讲究的做法是将十字交口宽较拱厚两面各小一分，并在边缘做斜口。桁间牌科的拱背与升底相平，在与上部的拱、连机叠合时会有一称为"亮拱"的空隙，所以拱背还要开半寸宽的鞋麻板槽，用来镶嵌鞋麻板，以填补空隙。四六式牌科和双四六式牌科的斗三升拱，它们的长度要按比例作相应的调整，如四六式的拱长为斗面宽六寸，加两侧各出二寸，再加二升底面宽为四寸，共计一尺四寸；双四六式的拱长为四六式的两倍，即二尺八寸；其做法与四六式的拱基本一致。五七式的斗六升拱长较斗三升拱之一尺七寸加八寸，总计二尺五寸，其三瓣卷杀自升边一寸处开始；四六式的斗六升拱长较斗三升拱之一尺四寸加六寸，总长二尺；双四六式的斗六升拱长为四六式的二倍，总计为四尺。如果是柱头牌科及梁背牌科，因其坐斗较桁间牌科宽，所以其斗三升拱和斗六升拱均需按斗面宽相应加长。此外，在柱头牌科中为增加其荷重能力，故将拱料加高，与下升腰相平，并于拱段锯出升位，称之为"实拱"。

五七式牌科中与斗三升拱垂直相交的十字拱的出参长通常按斗中至升中距离为六寸定拱长，因此十字拱的总长为一尺四寸半；丁字拱的拱长也按十字拱的要求定，只是其拱长为十字拱的一半，也即七寸二。由于不同的建筑其出檐深浅与用材大小会略有不同，十字拱长可以依据实际情况予以收放，但最小不得小于一尺二寸半。十字拱之上或是用拱或是用昂，其上的每一层拱、昂出参均按升中到十字拱的升中的水平距离为三寸至四寸定长。即用拱，则拱长为一尺八寸五或二尺二寸五；若用昂，则再加上昂头的尺寸。四六式及双四六式牌科照此要求按比例进行收放。

柱头牌科的十字拱以及其上的拱、昂宽度同梁头，其余尺寸遵照上述规定确定。

蒲鞋头前端承升及其拱或云头、梁垫，后尾插入柱子或坐斗侧。与丁字拱相似，蒲鞋头也是半个拱状的构件，其高同拱，厚同梁头剥腮，长至柱中通常计为九寸。

4. 昂

苏式建筑所用昂的形式有"靴脚昂"和"凤头昂"两种（图4-3-58），还有真昂与假昂之分，与拱由同一料做出的昂即为假昂。

凤头昂应用的范围较广，其厚为昂根的十分之八，昂底下垂不得超过下升腰，昂尖伸出较之云头缩进二寸，至于昂尖翘起之势以及凤头的大小，则须根据用料情况和设计要求绘制大样决定，并无明确规定。

靴脚昂仅用于殿庭建筑的大殿，其形式与清式相似，其昂嘴一般伸出稍大于一份出参的距离，下垂略超出斗底。在双四六式牌科中，第一层昂为假昂，第二层昂为真昂。假昂昂头下缘从拱底升之中线斜出，至昂底，计水平伸出长为一尺二寸，自昂背到昂底高也为一尺二寸。昂尖截成斜面，再伸出三寸半，斜长四寸。昂背从升底外缘到昂尖取微凹的曲面，下凹约半寸左右，并做车背向两侧倾斜。第二层的真昂是一个斜置的构件，其前端做成靴脚形昂头，后尾则顺着屋面提栈斜上，其端部架斗三升拱，上承步桁连机。真昂的断面尺寸与拱相同，昂头伸出及形状、尺寸均与第一层假昂头相似。

5. 梁垫与蜂头

"梁垫"是扁作大梁与梁下的柱或坐斗间所用的垫木，其高同拱料，宽与梁端剥腮相等，长至腮嘴，从柱或坐斗边缘到梁垫前端雕如意卷纹。"蜂头"为梁垫底雕有"金兰"、"佛手"、"牡丹"等纹样的透雕装饰，伸出梁垫长约一份梁垫高，蜂头并非所有建筑都有。如山界梁下的梁垫不加蜂头，其另一端做成"寒梢拱"，自坐斗伸出，其状如拱。寒梢拱的伸出长度依据提栈来确定，如提栈较低，则为一层拱，其长与斗三升拱相等；若提栈较高则用两层拱，拱长与斗六升拱相同。

6. 棹木、枫拱、山雾云和抱梁云

棹木为纯装饰构件，形如帽翅状，斜插于蒲鞋头的升口内，其看面皆用高浮雕进行装饰，题材多样，有山水、人物故事等。棹木厚一寸半，高大约以梁厚的一点一倍确定，翅长约为梁厚的一点六倍，泼水为高度的二分之一。

枫拱与棹木相似，常被斜置于十字拱的升口中，正面雕作卷草纹样。枫拱厚六分，高五寸，翅长七寸，其泼水与棹木一样，也为高度的二分之一。

山雾云为一块两侧依山尖形式截斜的梯形木板，板厚一寸半，其斜置于山界梁背的坐斗中，上雕仙鹤流云。抱梁云也为装饰性板状构件，其上部依山尖的坡度截斜，正面也雕作流云纹样。抱梁云斜置于斗六升拱的升口内，其厚一寸，高自升腰至脊桁心，长为桁径的三倍。山雾云和抱梁云距地较高，通常需

凤头昂

靴脚昂

图4-3-58　昂

图 4-3-59　山雾云

雕镂至介于透雕与高浮雕之程度，以获装饰目的（图 4-3-59）。

第四节　构件结合

一、榫卯类型

榫卯是在两个木构件上所采用的一种凹凸结合的连接方式。凸出部分叫榫或榫头；凹进部分叫卯或榫眼、榫槽。榫卯连接（图 4-4-1）是我国传统建筑木构件之间最常见的结合方式，榫卯式样也与榫卯的功能、构件的形式、使用的位置、木构件的安装等都直接相关，如直榫、馒头榫、管脚榫、大进小出榫、搭掌榫、搭接榫、羊胜式榫及十字搭交榫等，都为建筑上常见的榫卯（图 4-4-2）。

根据榫卯的功能，主要分为六类：固定垂直构件的榫卯，如管脚榫、套顶榫、瓜柱柱脚半榫等；水平构件和垂直构件拉结相交所用榫卯，如馒头榫、燕尾榫、箍头榫、透榫、半榫等；水平构件互交所用榫卯，如大头榫、十字刻半榫、十字卡腰榫等；水平或倾斜构件重叠稳固所用榫卯，如栽销、穿销等；水平或倾斜构件叠交或半叠交所用榫卯，如桁碗、趴梁阶梯榫、压掌榫等；板缝拼接所用榫卯，如银锭扣、穿带、抄手带、裁口、龙凤榫等。

其中，直榫是一种运用最普遍的榫卯形式，透榫、半榫、双榫等都可看做直榫的特殊形式。透榫就是某些构件的榫头较长，卯眼穿透了另一与之相接的构件。半榫就是构件榫头较短，相对应构件的卯眼深度不超过其宽厚的一半。双榫就是为了保证构件间的结合牢固而使用两个榫头，常被用于童柱脚与梁、双步的连接等。馒头榫主要用在柱头上。管脚榫用于柱脚，但自晚清以来一般都柱脚端面做平，直接放置在磉石上，不做管脚榫。大进小出榫通用于双步、川的后尾与柱相接处，以及夹底与柱的连接处。搭掌榫或搭接榫用于三个构件交于一点之处，诸如边贴脊柱前后的双步、金川、夹底以及檐枋、步枋与柱交接处等。羊胜式榫头用在桁与桁之间或斗盘枋之间的连接处。十字搭交榫主要

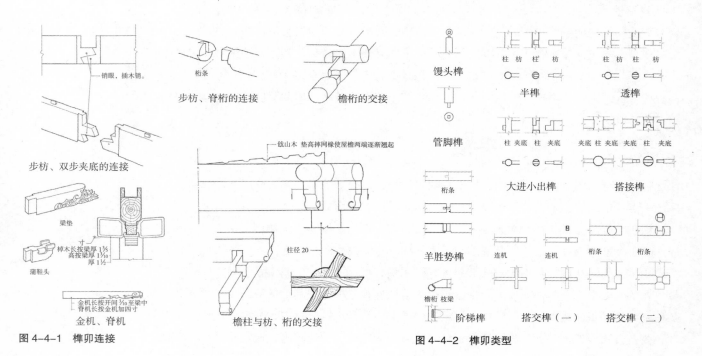

图 4-4-1　榫卯连接

图 4-4-2　榫卯类型

用于桁、枋等构件的转角搭接。

此外，如梁与桁相交、搭角梁与桁条的搭接等两个构件的交叉叠合处，常用开刻、留胆的形式结合，而斗盘枋与檐枋之间、坐斗与斗盘枋之间、升与拱、升与昂之间等构件平行叠合处，则常用竹销钉或硬木销予以固定。

二、榫卯加工

在木作工程中，对榫卯的质量要求是很严格的，加工过程也很严格。榫卯加工一般都是先待榫头做好后，再按其大小过划到对应的卯眼，然后进行卯眼开凿。在制作榫卯时一定要保证榫卯松紧适度，既要便于安装，又要使结构严谨稳固。

管脚榫即固定柱脚的榫，其作用是防止柱脚位移。在清《工程做法则例》中，规定"每柱径一尺，外加上下榫各长三寸"，即管脚榫的长度为柱径的十分之三。在实际施工中，可根据柱径大小适当减小管脚榫的长短径寸，但不得小于柱径的十分之二。但如是爬山廊类倾斜建筑，其断面长度都要保证在十分之三柱径，不得减小，而且还需要加用套顶榫，且榫卯根部应没有疵病。管脚榫截面或方或圆，榫的端部作适当收分，榫的外端倒楞，以便安装。与梁架垂直相交的瓜柱，其柱脚亦用管脚榫，但这种管脚榫常采用半榫做法，称为瓜柱柱脚半榫，其长度一般控制在6~8cm，还可根据瓜柱本身大小作适当调整。有时为增强稳定性，瓜柱根部的榫就做成双榫，同角背一起安装。此外，还一种特殊形式的管脚榫——套顶榫，它是种长短、径寸都远远超过管脚榫，并穿透柱顶石直接落脚于磉墩的长榫，其长短一般为柱子露明部分的五分之一到三分之一，榫径约为柱径的二分之一到五分之四不等，需依据实际情况而定。套顶榫的作用在于加强建筑物的稳定性，当然由于其深埋地下易于腐朽，所以地下部分需作防腐处理。

馒头榫是柱头与梁头垂直相交时所使用的榫，作用在于使柱与梁垂直结合，避免水平移位，其长短径寸与管脚榫相同，长宽高均为柱径的十分之三，实际应用中同样可以略为减小，控制在柱径的四分之一到十分之三之间。

燕尾榫也有称大头榫的，其端部宽、根部窄，与之相应的卯口则里面大、外面小，在大木构件中，凡是需要拉结，且可以采用上起下落方法进行安装的部位，使用燕尾榫可以增强大木构架的稳固性。其长度一般为柱径的四分之一，在实际施工中也可适当增大，但最长不超过柱径的十分之三，而且榫的长短还与同一柱头上卯口的多少有直接关系。卯口多则榫长可稍短。燕尾榫根部窄端部宽，称为"乍"，如榫长 10cm，则每面乍 1cm；其上面大下面小，被称为"溜"，同样，如上面宽 10cm，下边每侧面则收 1cm。此外，用于额枋、檐枋上的燕尾榫有带袖肩和不带袖肩两种做法，袖肩长为柱径的八分之一，宽则榫的大头相等，做袖肩可以适当增大榫根部断面，提高燕尾榫的抗剪能力。

箍头榫是枋与柱在尽端或转角处结合时采取的榫卯结构，其做法是将枋由柱中位置向外加出一柱径长，将枋与柱头相交的部位做出榫和套碗，出柱外部分做成箍头，通常为霸王拳或三岔头形状。箍头的高低薄厚均为枋正身尺寸的十分之八。用箍头枋有一面和两面两种情况，一面使用箍头枋时，在柱头上沿面宽方向开单面卯口；如面宽和进深方向都使用箍头枋时，则要在柱头上开十

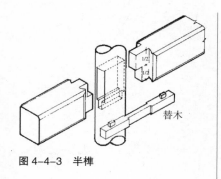

图 4-4-3 半榫

字卯口，两箍头枋在卯口内十字相交，相交时山面压檐面，即山面一根在上，檐面一根在下。箍头榫的厚度通常控制在柱头径的四分之一至十分之三。

透榫也叫大进小出榫，适用于需要拉结，但无法采用上起下落方法安装的部位，其断面可略小于燕尾榫、箍头榫等受力较大的榫卯，其厚度一般控制在檐柱径的五分之一至四分之一间，大式建筑则控制在一斗口至一个半斗口。

半榫的使用都是在无法使用透榫的情况下产生的，其做法与透榫的穿入部分相同，榫长至柱中，如两端同时插入的半榫，则要做出等掌和压掌，即是将柱径均分三份，将榫高均分为二份，一端的榫上半部长占三分之一柱径，下半部占三分之二，则另一端的榫上半部占三分之二，下半部占三分之一（图 4-4-3）。由于半榫的结构作用较差，需在其下安放替木或雀替，并且在替木或雀替上与梁迭交处做栽销或钉铁钉，以加强稳定性。雀替高为四斗口、厚为十分之三柱径，长为柱径三倍或更长一些；替木则长为柱径的三倍，宽厚均为三分之一柱径或与椽径等同。

十字搭交榫主要用于方形构件的十字搭交，通常是将两个构件分别上下各刻去高或厚的二分之一，十字扣搭，两侧需按构件自身宽的十分之一做出"袖榫"，也即"包掩"。

卡腰榫俗称马蜂腰，主要用于圆形或带有线条的构件的十字相交，如桁檩搭交。制作时将桁檩沿宽窄面均分四等份，沿高低面分二等份，依所需角度刻去两边各一份，按山面压檐面的原则刻去上面或下面各一半，然后扣搭相交。相交构件应按所需角度搭交，或十字相交或斜十字相交。需要注意的是，如在同一构件上的卯口的方向应保持一致。

在两层或两层以上构件迭合时，通常采用销合联结的方式，包括栽销和穿销两种。栽销是在两层构件相叠面的对应位置凿眼，眼不凿透构件，然后把木销栽入下层构件的眼内，再将上层构件的销子眼与已栽好的销子榫对应入卯。销子眼的大小及间距，可视木构件的情况确定，以保证构件结合稳固为度。穿销与栽销类似，不同处唯栽销销子不穿透构件，而穿销销子则要穿透二层乃至多层构件。大木构件销子榫通常厚为 3cm，长 5~6cm，斗拱等小件销子榫一般宽 1~1.5cm，长 2~3cm。销子榫用量一般至少两个，以满足结构稳固，并能避免构件自身发生变形为准。

檩碗即放置桁檩的碗口，在古建大木中用处很多。檩碗的开口大小按桁檩直径定，碗口深浅介于三分之一到二分之一檩径之间。为了防止桁檩沿开间方向移动，常在碗口中间做出"留胆"，其方法是将梁头宽窄四等分，胆占中间二份，两边碗口各占一份，将檩子在与梁头留胆相对应的部分刻去，即开刻，使相互吻合。

银锭扣也称银锭榫，因其形似银锭而得名，是两头大、中腰细的榫。镶银锭扣是一种键结合方式，多用于榻板、博缝板等处，将它镶入两板缝之间，可防止拼板松散开裂。

穿带用于板的结合，是将拼粘好的板的反面刻剔出燕尾槽，即一端略宽、一端略窄的槽，其深约为板厚的三分之一，将事先做好的燕尾打入槽内即可。每块板一般穿带三道或以上，且要避免朝一个方向穿，达到锁合诸板不开裂并防止板面凹凸变形的作用。

替木

三、构件结合

木构结合主要有以下几种方式。

汇榫法，是指木构架的梁、枋、桁与柱等，通过榫卯结构进行结合的方式，直接关系到建筑构件结合的好坏以及建筑承重、大小和外观，是大木作中的重中之重。

亲合法，是运用平行或相似形原理手法使二物相合，且接口严密的木构结合方式，是古建筑中的常用手法，通常用于童柱与梁、双步，连机与桁条，装修中的枕与柱，下槛金刚腿与柱石鼓磴等的结合。

箍头仔是一种梁端头与柱端头结合的方式，主要用于四界大梁与步柱，山界梁与金童柱、边川，边双步与边金童柱、边步柱，廊川与廊柱等。

亲连机是指连机和桁条的亲和，拍口枋常见于枋与圆桁条的结合。

敲交桁条用于桁条与桁条同一个水平中心的交合，以及桁条与进深梁端的交合。

第五节 大木构架

一、构架类型

苏州地区的大木构架（图4-5-1）主要有梁架、草架、覆水椽与轩几种。

草架与覆水椽主要是在江南一带使用，其他地区较少见到。"草架"是因内外屋面之间的梁、柱、桁、椽等构件用料草率，无须精制而得名。由于草架与覆水椽是靠变换梁架构造而形成的，因此，应归于大木结构，但其作用与天花相近。使用草架、覆水椽的厅堂，其内四界前都有"翻轩"，其上部的内屋面各自独立，使得内四界与轩感觉是分属两个不同的空间。同时，内四界南向的双层屋面，还能防止夏季阳光直接辐射和降低室内高度等（图4-5-2）。

轩在厅堂类建筑中被置于内四界前，架构在轩柱与步柱间的顶端，分为"抬头轩"和"磕头轩"（图4-5-3）。抬头轩的轩梁与内四界大梁相平，磕头轩的轩梁则低于内四界大梁。抬头轩内四界前部的屋面做成双层，其用草架支承

图 4-5-2 扁作大木构架

图 4-5-3 磕头轩与抬头轩

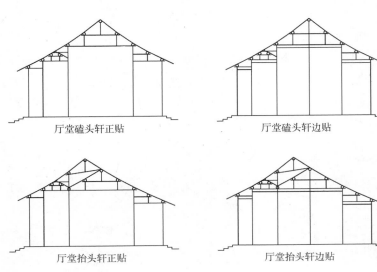

厅堂磕头轩正贴　　　　　　厅堂磕头轩边贴

厅堂抬头轩正贴　　　　　　厅堂抬头轩边贴

图 4-5-1 苏地大木构架

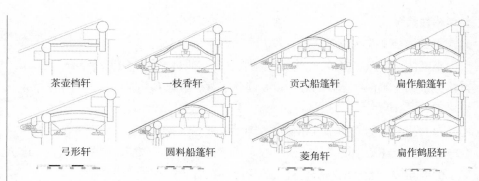

茶壶档轩　　　　一枝香轩　　　　贡式船篷轩　　　　扁作船篷轩

弓形轩　　　　圆料船篷轩　　　　菱角轩　　　　扁作鹤胫轩

图 4-5-4　各式翻轩

图 4-5-5　茶壶档轩

图 4-5-6　弓形轩

外屋面,并联系内外屋面。使用碢头轩时没有双层屋面,内四界的前屋面就是外屋面,但需用"遮轩板"封护轩内侧与步桁连机下的间隙,其内是轩上的草架。还有称为"半碢头轩"的,其轩梁低于大梁,但仍用重椽、草架,内侧也使用遮轩板封护。此外,内四界前还有筑重轩的,前面的进深浅,称为"廊轩",后面的进深较大,称为"内轩"。

　　轩的形式多样,常见的有"船篷轩"、"鹤胫轩"、"菱角轩"、"海棠轩"、"一枝香"、"弓形轩"、"茶壶档"等(图 4-5-4)。其中,弓形轩和茶壶档因结构简单,进深一般仅三尺半到四尺半,所以一般仅被用于廊轩;一枝香因增设轩桁,进深加大到四尺半到五尺半,所以既能用于大型建筑的廊轩,也被用作小型建筑的内轩;其他形式的轩,因轩桁增为两条,进深较大,一般有六尺到八尺,最大可达一丈,所以多用于内轩。

　　茶壶档轩(图 4-5-5)的构造较简单,是在游廊上部架廊川,川为圆料,其一端架在廊柱顶端,另一端插入轩柱。距川的顶面约三寸左右处列直椽于廊桁与轩枋上,椽的中部高起一望砖厚,上铺望砖。弓形轩(图 4-5-6)则是在廊柱与轩柱间置扁作轩梁,梁上弯形如弓状,其下用梁垫承托,其上所列椽子也随梁形弯曲。

　　一枝香轩(图 4-5-7)较弓形轩与茶壶档进深大,柱间架扁作轩梁,梁上中间置一个四六式坐斗,上架轩桁。斗口左右两侧安有一种有雕饰的木板——"抱梁云"。轩上椽子两列,分别架在廊桁与轩桁以及轩桁与轩枋之上。椽子通常采用两种形式,一种为"鹤胫式",上部锯解成上突的弧线,下部作内凹的弧线;另一种称"菱角式",上部为上凸的弧线,下部再作一凸一凹两段弧线,两段凸起的弧线交接处尖起呈菱角状。

　　船篷轩(图 4-5-8)用作内轩时,轩梁除少数圆堂用圆料船篷轩外,用料一般都为扁作,架于轩柱与步柱之间,因其进深较大,扁作轩梁的梁背需置坐斗两个,轩深小于七尺的用四六斗,大于七尺的用五七斗。贡式轩(图 4-5-9)

图 4-5-7　一枝香轩、鹤胫一枝香轩

图 4-5-8　船篷轩

及用圆料的轩则立蜀柱，上架短梁，其轩梁短梁形式一如内四界梁架；而用扁作的轩梁形式则与大梁相同，短梁做成"荷包梁"。荷包梁的梁背中部隆起，梁底中间凿一小圆孔，圆径一寸至一寸半，其下作缺口——"脐"，脐缘起圆势，梁端开刻架桁。船篷轩轩深以轩桁分作三界，当中的顶界略小，在轩桁之上架弯椽，两旁既可用直椽也可用向外突起的弯椽，使轩形如船篷。若两旁不用直椽或向外突起的弯椽，而是用鹤胫状弯椽或菱角状弯椽，则称为鹤胫轩（图4-5-10）或菱角轩。

　　轩与内四界覆水椽上都要铺设望砖，在弯椽的地方望砖还要匀分打磨，使其能贴合椽的曲势铺覆严密。此外，为防止望砖移位，还需在其上覆芦席或大帘。

图4-5-9　贡式轩

二、构架安装次序

　　当所有构件制作完毕后，经过仔细检验合格就可以进行安装。

　　安装的顺序通常是从正间步柱开始，并从里到外、由下而上逐步进行。在之前的构件制作过程中，每个构件在加工完成后都要标明所在位置，如"正左前廊柱"、"边右后步柱"等，而且梁枋之类构件除了标明"正左大梁"、"次前檐枋"等文字外，还需在其端部注明前后或左右，以便能对号安装，防止出错。为避免在安装过程中出现柱脚不实、榫卯不严、尺寸不准等问题，通常不允许随意调换构件的位置。

图4-5-10　鹤胫轩（扁作）

　　在所有的柱子竖齐，并安装好第一层梁枋，形成一个个单层的方框后，必须进行一次全面、仔细的检查、校核。即用六尺杆从正间开始逐间丈量面阔和进深，并用吊线检测每根柱子的中线是否与地面垂直，检验柱子的十字中心线与磉石的中线是否重合。如果发现问题，需及时纠正，直至所有尺寸符合要求后，才能用楔状薄木片轻轻打入柱头的卯口侧缝，固定结点。然后还需再作一次全面的检测。待检测合格后，在每根柱侧支至少两根斜撑，一根撑在开间方向，另一根撑在进深方向，以保证柱子不会被碰撞移动而发生歪斜。且斜撑的上端必须与柱子的上部绑扎牢牢固定，下端可绑扎固定在打入地下的木桩上，也可用大石块压住，以确保斜撑的稳定、牢固。

　　下层框架架构完成上述步骤后，即可安装上部构件，其安装顺序也是从里到外、由下而上逐层进行。同样，每架一层都要检测直立构件的垂直度、上下中线的重合以及构件之间的相互距离，以便一旦发现歪斜错位现象能及时调整，并用薄木楔打入各结点的卯眼侧缝，使榫卯固定。这样能确保整个构架在安装完毕后横平竖直不变形，坚固稳定耐久用。

　　待整个梁架全部装齐、检验、固定后，就进行椽子、望板、里口木、瓦口板等构件的安装。椽子的安装应先从建筑一面两尽端的檐椽固定开始，调整好出檐距离使之符合要求。接着在椽端钉小钉拉线，拉线要紧，不能下垂，以作为两檐椽间各檐椽的出檐基准。如果建筑开间较多，檐口过长，可在其间选择适当位置增加两三根檐椽固定，同样椽头钉小钉，并挂住拉线的中段。之后布椽要从当中开始，其正中为两椽间的空档，即"椽豁"，然后依次向两边进行，布椽时需用"闸椽"或"椽稳板"来控制椽豁的距离。所有的椽子钉好后，要在上下两椽的接头处钉"勒望"。如果檐椽前不再用飞椽，则直接在其端头的上边钉"眠檐";如果檐前还需装飞椽,则钉里口木,在里口木之内铺望砖,至檐桁之内即可钉飞椽,在飞椽的椽端钉眠檐、瓦口板,板内侧用"铁搭"与飞椽拉结,以增强其整体性。至此大木安装基本完成,可以开始进行铺覆望砖及瓦屋面工序了。

需要注意的是,斜撑一般要等到屋面、墙体等工程全部结束后再去除,而不能在大木构架安装完毕后就急于拆除。

第六节　装折

苏州地区无论梁架或是门窗并称大木,并不像北方建筑木作将主要经营梁柱、檩椽、枋子等的加工和架构称为大木,而主要进行门窗、挂落、木栏等的制作与安装的称为小木,但大木中有专门分出的"花作",主要从事门窗之类北方所谓小木的工作以及梁架的雕花等。苏州地区的小木则专指器具制作之类。

在苏州地区,门窗之类又称为"装折",或许是由"装拆"一词长期讹传至今,因为此类构件都能随时拆下,并非与房屋的构架是固定的联结。

一、装折类型

装折按空间部位可以分为外檐装折和内檐装折两大类,凡是处于室外或分隔室内外的门、窗、栏杆、挂落等都属于外檐装折,而用于室内的装饰装修都属于内檐装折。

装折按使用功能可以归纳为门、窗、栏杆、挂落、屏风门与纱隔及罩、天花几类。

在传统建筑中,门一般是指整个建筑组群的出入口,以及界分内外的出入口,而单体建筑上分隔室内外空间的门则称"隔扇"或"落地长窗",归于窗类。门依据在建筑组群中所处的位置不同,可分为正门、侧门、内门和后门,其中内门包括衙署、祠祀、寺观等的二门、三门,以及府宅中的砖细墙门或砖细门楼。门按形制又可分为"将军门"、"大门"、"库门"和"矮闼"。门按构造不同还可以分为实拼门和框档门,相较前者更为坚固。

窗是界分室内外的围护构件,其作用是为了建筑室内的通风和采光。窗户因使用位置的不同造就了形式的不同,大致可分为长窗、地坪窗、和合窗、横风窗和半窗等。

栏杆为室外的围护、装饰构件,常作防护安全、分割空间、提供休憩坐凳之用。如建筑外廊或花园游廊两柱之间、殿庭阶台之边缘、临水的池岸、小桥两侧等处都会安装栏杆。此外,和合窗、地坪窗下也用栏杆来替代半墙。栏杆按制作材料可分为石栏、砖栏和木栏等几种,而依据其尺寸、位置则可分为半栏、靠栏和栏杆等。

挂落常设于室外建筑外廊、游廊等的廊柱间枋子之下,是重要的建筑装饰。

屏风门、纱隔与罩都是室内分隔空间的装饰性构件。罩按照形式的不同,还可分为"落地罩"、"飞罩"和"挂落飞罩"三种。

天花也是室内空间的分隔构件,具有很强的装饰功能,其虽不能随意装卸,在北方仍与门窗、栏杆等一起属于装修范围。天花主要有仰尘、棋盘顶、卷篷、藻井等几种形式。

二、制作安装

（一）门

门在我国传统建筑中，是其主人身份地位的象征之一，其形象虽然比不上内部大殿、厅堂那样华丽、气派，但其形制往往还是要根据建筑的性质、主人的社会地位等进行选择，且不同位置的门也要采用不同的形式。如将军门，其形象威严气派，只能大型衙署、寺祠、显贵豪宅的正门才可使用，且其中仍有等级高下之分。如苏州文庙的大成门在现存传统苏式建筑中等级最高，五开间的门第，中间三间辟门，脊柱落地，柱间均安门扇（图4-6-1）。稍次的为三间门第仅正间辟门，次间用板壁封护，如原太平天国忠王府（现苏州博物馆）（图4-6-2）。等级再低的则两侧次间被围合成了门房，如网师园等邸宅的门（图4-6-3）。等级再低一级就只能使用所谓的"大门"，或有三开间的门屋，但形象较将军门简单得多，且门扇装在正间的步柱或檐柱之间，或用木板大门（图4-6-4），其外再加装矮闼（图4-6-5），再或采用库门的形式（图4-6-6）。在大型建筑的正门之侧，常设有库门形式的小门，而小型民居也有在院墙之上设库门作为正门的。衙署及大型寺观的内门有采用门屋形式的（图4-6-7），也有用库门的，而府宅内门都为砖细库门（图4-6-8）。后门则大多使用形制

图4-6-1 文庙的戟门

图4-6-2 忠王府的门第

图4-6-3 网师园的门

图4-6-4 大门

图4-6-5 矮闼

图4-6-6 库门

图4-6-7 虎丘山门

图 4-6-8　玄妙观财神殿砖细库门

最低的门屋。

1. 将军门（图 4-6-9）

同为将军门，虽门的构造基本相同，但形制仍有等级高下之分。将军门通常是将脊柱落地，门扇安装在两脊柱之间、脊桁之下。等级较低的也有将金柱落地，门扇置于金柱之间、金桁之下的。

门的顶端施额枋作为上槛，其下缘通常与前面的双步底同高。额枋端连于柱，用高垫板将枋上与桁下连机间封护，垫板两边为蜀柱，且紧靠脊柱或金柱之侧。额枋的正面当中置"阀阅"（图 4-6-10），即一种圆柱形的装饰物，其前端雕出葵花状的饰纹，后端固定在额枋中间，其上搁门匾，与北方的门簪相似。等级地位较高的建筑正中仅用一个尺寸较大的阀阅，上搁竖匾；等级较低的则用二或四个阀阅，上置横匾。

额枋下设置双开大门，由于开间的尺寸远大于门的尺寸，因此在门的两旁还立有方柱作为门框，俗称"门当户对"，柱前安砷石。门扇的高宽比以 3∶1 为基准，具体的尺寸还需依据鲁班尺与紫白尺相配合，以选出对应的吉祥尺寸，故而门宽往往不是一个固定的整数。门扇之下为"高门槛"，其高度也与建筑的等级有关，为地坪至额枋下皮间距的四分之一。门槛的两端紧贴门框下端做"金刚腿"，金刚腿内侧做成带凸榫的斜面，与门槛相配合，以便门槛能随时装卸。将军门的门扇厚约二寸，多用实木拼门，门面装兽头状门环，北方谓之"铺首"，门背安门闩。门扇的一边钉"摇梗"，即通长的转轴，其上端插入钉于额枋背面的"门槛"眼内，下端则支于"门臼"孔上。门臼或用木制，钉于金刚腿端，或将砷石的下座向后延长作门臼，但石门臼与木摇梗之间容易磨损，所以通常在石座上开凿一个较大的凹坑，并嵌入铁制的门臼——"地方"，用铅水或明矾汁浇固，而摇梗下端也套上带底的铁箍——"淹细"，并钉"生铁钉"于内，以使耐用。

门框两侧与抱柱之间砌"月兔墙"，即地坪以上所砌矮墙，上置横木为"下槛"，下槛的上缘与中间高门槛齐平。下槛与额枋间以两条"横料"分隔成三截，上下两部分短，称"垫板"，中间部分狭长，称"束腰"。

2. 库门（图 4-6-11）

库门因通常装在墙上，故也称墙门。库门之制是在院墙、门屋的正间檐

图 4-6-9　将军门

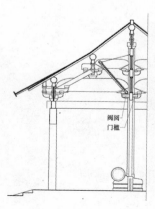

图 4-6-10　阀阅

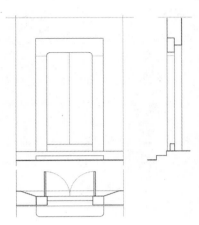

图 4-6-11 库门

墙或内院塞口墙上开设门宕，并用条石为门框。两旁直立的条石称"枕"，枕
上架上槛，地面卧下槛。作为大型建筑的侧门及小型民居正门的库门，门宕之
外一般不作其他修饰，而用作内门的库门，在石框宕外还要设砖细装饰，具体
做法将在"墙垣"部分介绍。库门的门扇通常也为实木拼门，门背钉"铁枕"，
宽约二寸，厚二分左右，上下共两道，对角钉铁条，称"吊铁"。库门上槛直
接凿眼纳门扇上的摇梗，下槛之上做门臼（图 4-6-12），由于库门所用的是条
石门框，所以为防过快磨损，库门门扇的摇梗上端及上槛孔内要用二寸长短的
铁箍嵌套，其下端则用淹细支于地方眼内。库门用于外门时表面刷黑漆，用作
内门时则常在门的正面钉水磨砖，需视门面的大小均匀布钉。

3. 大门（图 4-6-13）

"大门"常用于普通四合形院落的民宅或街面房子的正门，其门扇装在步
柱或檐柱之间，前者等级较高，但因为浪费了使用空间，所以到晚近时期就用
得不太多了，而后者就被普遍使用于相关建筑（图 4-6-14）。

大门的形制无论其门屋是单间还是三间，都要在门侧的檐柱前砌出垛头，

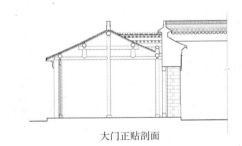

大门正贴剖面

大门正立面

图 4-6-12 摇梗与门臼

图 4-6-13 大门

图 4-6-14 大门实例

图 4-6-15 门槛、门臼

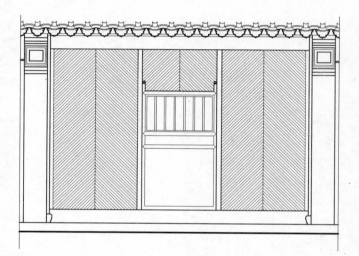

图 4-6-16 矮闼

以突出大门形象。两柱之间置通长的上槛和下槛，上槛置于两侧门枕上，其上与桁下连机间填以垫板，其两端和门枕上方用蜀柱分隔，下槛则平卧于门间阶台地坪之上。上下槛之间用门枕分隔成三份，左右门枕间的宽度根据建筑的功能用途及主人的身份选取对应的吉祥尺寸，所以这三份宽度通常并非等分。上下槛间的高度与门宽以三比二为定例。过去门扇都设在当中，不过晚近以来为充分利用门间，有将门扇改到一侧的。大门的门扇也用实木拼门，但其厚度较将军门略薄，约为一寸半左右，门面钉有竹条装饰，镶拼出竖条、人字、回纹、卍字等纹样。大门的门槛和门臼钉在上下槛的背面，均用木料做成，门扇的摇梗支承于门臼和门槛中（图 4-6-15）。门枕与柱侧抱柱间用长板封护，不用横料分隔。

4. 矮闼（图 4-6-16）

"矮闼"是一种窗形短门，常装设在大门及侧门之外。矮闼高约五至六尺，以木条为框，中间用横头料分作三份，上部流空，用细木条拼出花纹，高度约占总高的十分之四，当中为夹堂，下部封裙板。矮闼有双扇的，但以单扇居多，其侧面用铰链与门连接。安装时，为便于开启关闭，矮闼的底面需略高于下槛。

（二）窗

窗主要作为建筑室内采光和通风的围护构件存在，其形式归纳起来大致可分为落地长窗、地坪窗、和合窗、横风窗和半窗等。

1. 落地长窗

我国传统建筑组群中，单体建筑界分室内外的出入口用与窗的结构相似的门扇替代了厚实的门，该构件在苏州地区称"落地长窗"，而在北方则被称作"隔扇"（图 4-6-17）。

落地长窗的四周用上、下槛和抱柱做成窗宕，其上槛的上面与枋叠合，两端连于柱的上端。若建筑过高，长窗之上还需再加装风窗，那么上槛则是指风窗上端的横木，而长窗顶端与风窗间的横木则称为中槛，其两端与抱柱相连（图 4-6-18）。下槛分为三截，中间为可以装卸的门槛，两端则做金刚腿，与鼓磴相连，较抱柱稍出，其形式与将军门的金刚腿相同，只是尺寸稍小。抱柱

图 4-6-17　长窗

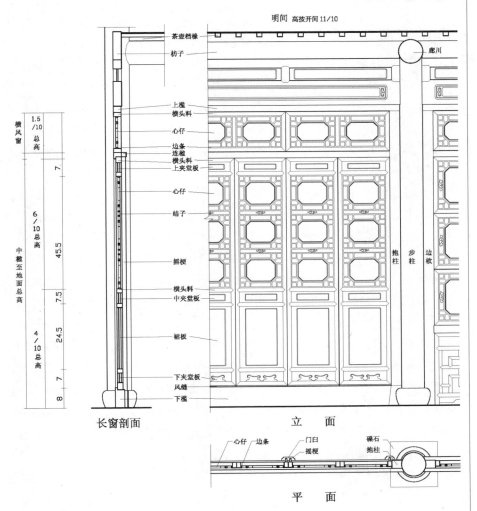

明间　高按开间 11/10

长窗剖面　　　立　面

平　面

图 4-6-18　长窗与横风窗

紧贴柱子，上端连于上槛之下，下端支承在金刚腿上。抱柱与上槛一般都用尺寸为三寸乘四寸（约 80mm×110mm）断面的方料，不过抱柱的宽还需视开间与长窗的尺寸酌情收放。下槛厚为三寸（约 80mm），与抱柱、上槛一样，高则约为八寸（约 220mm）。整个框宕在安装窗扇处都要做出槯口，需刨低半寸（约 15mm），框宕内缘的棱边起木角线。

在殿庭建筑中，除落翼外的各间都安装长窗，厅堂类建筑则所有各间都用长窗，而轩榭斋馆之类建筑有时仅在正间设长窗。落地长窗如安装在檐柱之间，其窗扇向外开启，支承窗扇的门槛和门臼钉于上下槛的外侧，并将其外缘做出

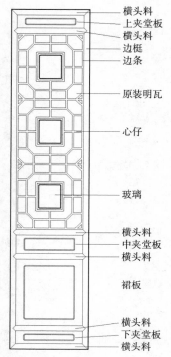

图 4-6-19 长窗部件

左侧标注（自上而下）：横头料、上夹堂板、横头料、边梃、边条、原装明瓦、心仔、玻璃、横头料、中夹堂板、横头料、裙板、横头料、下夹堂板、横头料

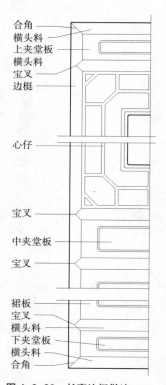

图 4-6-20 长窗边梃做法

左侧标注（自上而下）：合角、横头料、上夹堂板、横头料、宝叉、边梃、心仔、宝叉、中夹堂板、宝叉、裙板、宝叉、横头料、下夹堂板、横头料、合角

各种不同的连续曲线以增强装饰效果；如建筑设前廊，落地长窗装于轩柱或步柱间，窗扇须向室内开启，其门槛和门臼则被钉在上下槛的内侧。窗扇安装时应注意在下槛与窗底之间留出半寸的间距，称之为"风缝"。

长窗窗扇高约一丈，其宽度以柱间尺寸减去抱柱再进行六等分。长窗以方木为框，左右直立的称"边梃"，上下两端及中间横置的木构件称"横头料"。木框内用横头料分隔成五份，自上而下分别是"上夹堂"、"内心仔"、"中夹堂"、"裙板"和"下夹堂"（图 4-6-19）。若以窗顶至地面距离分作十份，其间的比例关系是上夹堂和内心仔两部分占总高的十分之六左右，而中夹堂以下占四份。例如，设长窗高为一丈（2750mm），那么所使用的边梃及横头料的看面尺寸为宽一寸半（约 40mm），厚二寸二（约 60mm），上夹堂高四寸（约 110mm），中夹堂高四寸五（约 125mm），裙板高一尺七（约 460mm），下夹堂高四寸（约 110mm），所余即为内心仔。

长窗的边梃、横头料的看面都要起线，可做出"亚面"、"浑面"、"木角线"、"文武面"、"合桃线"等装饰线脚，没有限定。两端的横头料与边梃用 45°"合角"相连，其内侧的线脚相互兜通；中间的横头料与边梃间以"实叉"相接，其起线也须兜通，如使用文武面，则浑面绕窗的四周，亚面绕横头料兜通（图 4-6-20）。

内心仔使用看面尺寸为宽五分、厚一寸的小木条拼搭出各种花格，以满足采光需要。明代以前主要用在花格上裱糊白纸的方式达到透光挡风的目的，自明代起开始用"明瓦"（图 4-6-21）替代裱纸，从而大大改善了窗棂纸不结实易破损的问题。明瓦是用产自南方海中的一种叫做"海镜"的蚌壳制作而成，将其裁截、表面打磨，使之成为一种半透明的材料以用于窗户的采光挡风。由于明瓦的尺寸较小，明清时期内心仔的花格一般都较密，常见的纹样有"万川"、"回纹"、"书条"、"冰纹"、"灯景"、"六角"、"八角"及"井子嵌凌"等；随着玻璃的广泛使用，到民国以后，内心仔的花格也逐渐放大，出现了各种镶嵌玻璃的花格，如"棱角海棠"等；为了提高长窗的采光效果，还有在上述的各式当中嵌入一个或三个较大宕子的（图 4-6-22）。内心仔木条的搭接也用合角方式，用浑面的需在十字交接处开"合把嘴"，在丁字交接处仅表面盖搭，用"虚叉"；起亚面或平面的则在十字及丁字交接处都用"平肩头"（图 4-6-23）。内心仔外缘的四周要用"边条"为框，并以竹销钉与窗扇的边梃、横头料相连，使之能在必要时可以随时将内心仔整体拆卸。

夹堂板和裙板均为五分厚的木板，板的边缘倾斜刨薄，嵌入边梃及横头料内侧刨出的凹槽内，殿庭与一些装饰较为华丽的厅堂常在裙板和下夹堂的板面雕出如意纹饰，较为简洁的则仅在板面四周雕出凸起的方框，而观赏性更强的各种园林建筑，往往会将所有夹堂都雕上静物、花鸟等，裙板雕饰题材更为丰富，除静物与花鸟之外，还有山水、人物故事等（图 4-6-24）。

图 4-6-21 明瓦

2. 半窗

"半窗"是安在半墙之上的窗，一些仅在正间安落地长窗的建筑常在次间砌筑

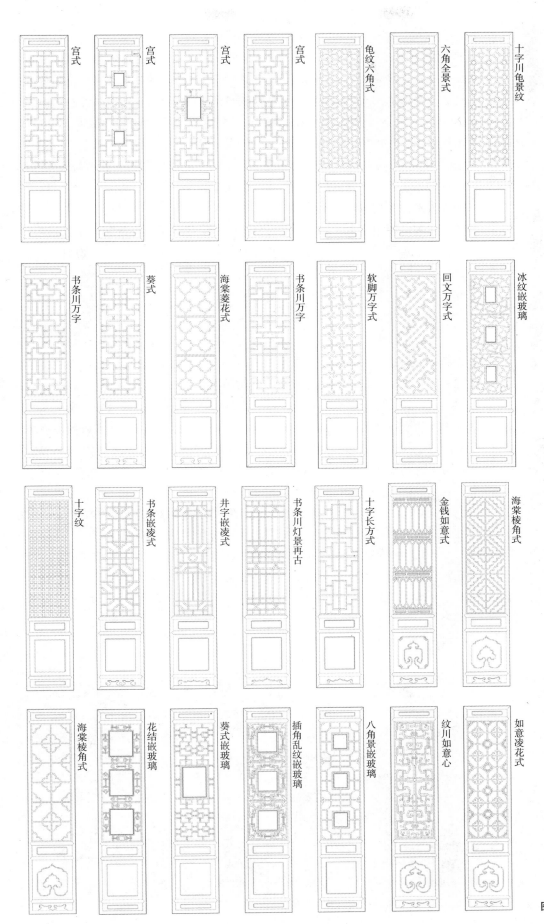

宫式

宫式

宫式

宫式

龟纹川龟景纹

六角全景式

十字川龟景纹

书条川万字

葵式

海棠菱花式

书条川万字

软脚万字式

回文万字式

冰纹嵌玻璃

十字纹

书条嵌凌式

井字嵌凌式

书条川灯景再古

十字长方式

金钱如意式

海棠棱角式

海棠棱角式

花结嵌玻璃

葵式嵌玻璃

插角乱纹嵌玻璃

八角景嵌玻璃

纹川如意心

如意凌花式

图 4-6-22 各式长窗

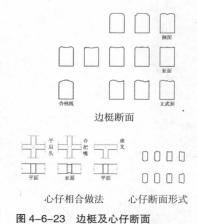

图 4-6-23　边框及心仔断面

边框断面

心仔相合做法　　心仔断面形式

图 4-6-24　夹堂与裙板

半墙，其上安的窗就是半窗，其较长窗要短，且形式也比长窗少了裙板和下夹堂部分。

半窗四周也有用抱柱和上、下槛做成的窗宕，其上槛与正间长窗的上槛平齐，下槛的上皮较正间长窗裙板的顶端略低，抱柱和上槛断面尺寸与长窗的相同，均为三寸乘四寸（约80mm×110mm）的方料，半窗的下槛则与上槛尺寸一致。半窗窗扇之宽也是以开间净空距离平分为六扇为度，其高度上由上至下分为上夹堂、内心仔和下夹堂三部分，每一部分的高度尺寸都与正间长窗对齐。此外，半窗的用料大小、线脚雕纹、窗棂花格等也要和相邻的长窗保持一致，以使整个立面和谐统一（图4-6-25）。

半窗也可用于内宅厢房，当厢房被当做卧室使用时，会在半窗之内再加一层窗户以遮挡视线，被称为"遮羞窗"。当半窗用于亭阁之类的建筑时，其下部的半墙仅高一尺半（约400mm）左右，并在墙上设坐槛，外缘置"吴王靠"，此时窗扇的下部做裙板而不用下夹堂（图4-6-26）。

3. 地坪窗（图4-6-27）

地坪窗在宋《营造法式》中称作"钩栏槛窗"，其形式与半窗相类似，主要用于轩榭斋馆的次间。地坪窗窗扇由上夹堂、内心仔、下夹堂三部分组成，但窗下短墙为栏杆所替代，栏杆的一侧用木板封护，装上封板可以遮蔽风雨，拆去封板又可以提高通风效果，因而较半窗更为通透，也更有利于夏季的通风消暑。使用地坪窗时，地坪窗及栏杆的花格朝向可根据需要而定，或都朝向室内，或都朝向室外。地坪窗的四周也有窗宕与柱、枋相连，不过其窗下与栏杆相接的方料称"捺槛"，而非下槛。

4. 和合窗（图4-6-28）

和合窗大多用在斋馆次间的步柱间或亭阁、旱船上。其窗宕上部为上槛，下端为捺槛，柱侧竖立的方料称"边梃"而不称抱柱，框宕内再用一条或两条称为"中梃"的方料，将其等分为二或三份，以安装窗扇。中梃与窗宕的连接并不固定，其上端做榫，以便随时拆卸，榫与上槛的卯眼连接，卯眼一侧作斜槽，以备拆卸。中梃下端开槽，在捺槛上钉入铁件，铁件长寸许，宽二分，两端为弯起的尖钉，呈"门"字形，称为"闲游"，其钉入木中时凸出

图 4-6-25　半窗

图 4-6-26　亭阁的半窗

图 4-6-27　地坪窗

如榫头状，安装时将闲游嵌入槽中即可。捺槛之下常用栏杆，内侧封裙板。和合窗上槛与长窗的上槛平齐，捺槛面与长窗的裙板顶端相平，这与地坪窗相同。窗宕中每排用三扇同样高度的窗扇，一般上下两扇固定，当中一扇可向外上旋开启。也有下面的一扇可以卸下的，北方称其为"支摘窗"。和合窗的窗扇呈扁方形，由左右边梃和上下横头料相合成框，中间嵌内崐心仔。如果相邻有长窗，则它们的花格纹样要相互协调。上下窗扇的边梃外侧刨有通长直槽，窗宕边桄和中桄的内侧在上下窗扇位置各钉入两枚闲游，上下窗扇安装时将其套入槽内并推移到位，然后用竹销固定窗扇。而上中二窗扇间则用铰链相连，以便中间的窗扇开启，开启时用长摘钩来支撑（图4-6-29）。

5. 横风窗（图4-6-30）

当建筑过高时，长窗和半窗之上要做横风窗，其框宕与长窗或半窗的框宕做成一体，此时窗宕的上槛就是指横风窗顶的横木了，而横风窗与长窗或半窗间的横木就成了中槛。框宕中要用短木将其三等分，以安装横长的横风窗三扇。横风窗以边梃和横头料拼合成框，内装内心仔，其用料尺寸与下部长窗或半窗相同，花格纹样也须与之协调。

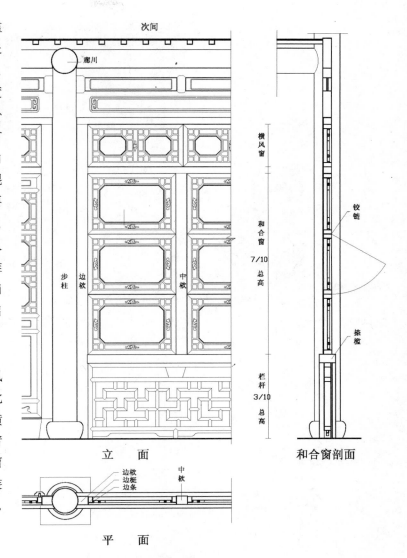

（三）栏杆与挂落

苏州地区建筑的外廊或花园游廊常有栏杆和挂落构件，以起围护、点缀作用，而和合窗、地坪窗下也以栏杆替代半墙。

1. 栏杆

根据制作材料，栏杆可以分为石栏、砖栏和木栏几种（图4-6-31）。石栏主要用于殿庭阶台边缘、临水岸线及桥栏等，其构造和制作将在"石作"章节中介绍。砖栏十分简单，是在廊柱间砌筑高约一尺半的矮墙，其上铺砌水磨方砖即成。此处主要介绍木栏，木栏构造相对复杂，观赏性较好，变化也较多，依据其尺寸、位置可以分为半栏、靠栏和栏杆等。

半栏高度较低，可兼坐凳，高仅一尺半到二尺二寸之间（约400~600mm），

图4-6-28 和合窗

图4-6-29 和合窗实例

图4-6-30 横风窗

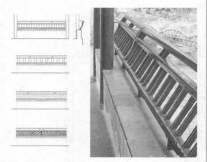

图 4-6-31　石栏、砖栏、木栏

图 4-6-32　靠栏

装于廊庑之间，用二寸（55mm）见方的木条做成框，框内或填板或留空，其上覆厚二寸，宽五寸半（约55mm×150mm）的木板作为"坐槛"。

靠栏是与半栏相配使用的，如果半栏或砖砌坐栏临水而设或安于亭榭中，则就需在坐槛的外缘加装靠栏。靠栏宋《营造法式》称其为"鹅颈靠"，吴地称之为"吴王靠"，还有些地方更称之为"美人靠"，其高一尺至一尺三四寸（约275~385mm），断面呈弯曲状。靠栏以宽一寸半左右的方木条为框，框内用短木条拼出诸如"笔管"、"卍字"等形式的各种花格（图4-6-32）。靠栏边框的底面用榫与坐槛面相连，其上端用铁摘钩和柱拉结。

普通的木栏杆高三尺（约800mm）左右，装于两柱之间，栏杆两侧贴柱立短抱柱，抱柱宽以阔出鼓磴面一寸（约30mm）为宜，深同栏杆或略大。其上连捺槛，捺槛厚三寸（约80mm），前后需较栏杆面宽出少许。栏杆的形式多样，构造也会因形式不同而稍有差别（图4-6-33）。最常见的形式是上下用横档三道，最上的称"盖梃"，中间为"二料"，下面的是"下料"，两侧连以直立的"脚料"组合为框。盖梃、二料、下料及脚料的看面尺寸都为宽一寸八（约45mm），厚二寸（约55mm）。盖梃和二料间称"夹堂"，二料与下料间称"总宕"，下料以下称"下脚"。如果栏杆定高三尺（约800mm），则其夹堂高四寸（约110mm），总宕高一尺八寸（约450mm），下脚高二寸五（约65mm）（图4-6-34）。夹堂内嵌置雕花的木块——"花结"，根据总长均匀布设。总宕中则以木条拼出诸式花格，如"万川"、"回纹"、"整纹"、"乱纹"、"笔管"、"一根藤"等（图4-6-35）。下脚通常分作三段，立"小脚"，其间镶板，称为"芽头"，芽头上有时也会略施雕花。栏杆各料的看面起线大多要求简洁大方，故常只做浑面、亚面及木角三种；而藤茎栏杆木断面做成圆形或椭圆形，可使之更为精致；二

图 4-6-33　木栏杆

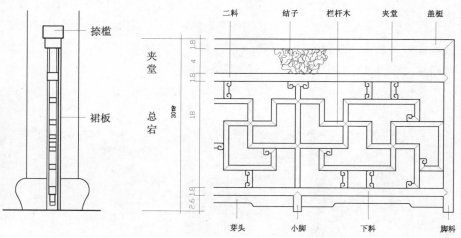

图 4-6-34　栏杆各部名称

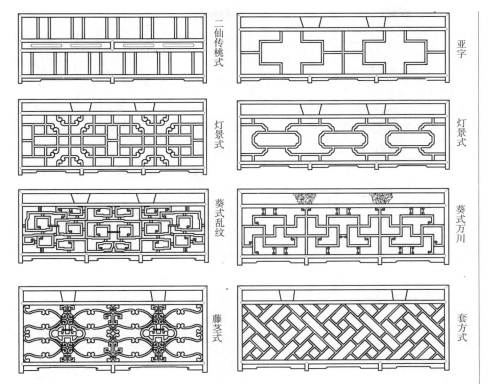

二仙传桃式

亚字

灯景式

灯景式

葵式乱纹

葵式万川

藤茎式

套方式

图4-6-35　各式木栏杆

仙传桃式栏杆可将木断面做成圆形，但更多做成竹节状，从而使其更显精美。

2. 挂落

挂落是一装饰构件，悬装于廊柱的上端枋之下，其边框只有上及两侧三面，是以看面宽一寸半（约40mm），厚一寸八（约45mm）的木条围起做出。两侧边框的下端做成钩头形，框内用木条拼搭出花格。花格以"万川"样式为多，以看面宽六分（约15mm），厚一寸二（约35mm）的木条拼搭而出，万川花格不仅可依据开间的大小调整其花格的组合，而且同样的万川还能做成"宫式"或"葵式"，所以更能给人以变化多样的感觉（图4-6-36）。万川花格的看面通常都做成平面，较讲究的也有做浑面的，小木条之间的结合与窗户内心仔相同。框内花格也有用厚一寸半（约40mm）左右的木板雕出"藤茎"纹样的，其藤茎断面要做成圆形或椭圆形，相交处还要雕出彼此间的叠压关系（图4-6-37），由于藤茎雕镂费工费料，因此较少使用。

挂落与廊柱间为了调整尺寸也要设抱柱，其高度较挂落两侧的边框长出一寸半（约40mm）左右，下端略施雕刻，呈花篮状。其厚度为二寸（约55mm），看面宽与边框相近，具体尺寸可视情况略作收放。挂落先整片制作完成后再安装，安装时用竹销钉将挂落固定在枋下两柱间。

3. 插角花芽

游廊或亭构檐口较低时，常会以插角花芽替代挂落。花芽通常以整块木料雕刻而成，以夔龙、花卉等题材最为常见（图4-6-38）。

（四）屏风门、纱隔与罩

屏风门、纱隔与罩都属于分隔室内空间的构件。

1. 屏风门

"屏风门"是一种常置于殿庭及厅堂后步间的封护构件，既可以分割空间、

图4-6-36　万川挂落

图4-6-37　藤茎式挂落

图4-6-38　插角花芽

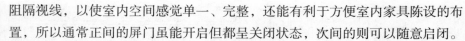

图 4-6-39 普通屏门

图 4-6-40 镌刻字画的屏门

阻隔视线，以使室内空间感觉单一、完整，还能有利于方便室内家具陈设的布置，所以通常正间的屏门虽能开启但都呈关闭状态，次间的则可以随意启闭。

屏门的比例关系应符合人的审美要求，但由于步柱的高度较高，所以要在步桁的连机下设枋子，并在连机与枋子间再填入高度适当的夹堂板予以调整。屏门的框宕就安装在枋下两步柱之间。

屏门框宕的构造及其抱柱、上下槛的断面尺寸均与长窗相同，门扇也按六扇均分。门扇的构造采用"框档门"的形式，即门扇的两边的边梃和上下横头料相合为框，中间置三四道名为"光子"的横料，两面钉木板。通常屏门的封板较薄，上髹白漆，以备悬挂中堂、对联（图 4-6-39）。当然，也有用质地优良的厚板予以封面的屏门，板上镌刻字画，并用桐油髹饰，这通常为较讲究的园林建筑所用，显示出典雅之气（图 4-6-40）。而在一些寺祠中，屏门较为简陋，仅在框档格中嵌板，并使框格露明，这是因为屏门之前供奉的塑像才是重点。

2. 纱隔

纱隔也称"纱窗"，仅用于厅堂。三开间的厅堂用两扇，分别安装在边间后步柱的边上。五开间的厅堂则或置于次间或置于边间，置于次间的与三开间厅堂的相同，置于边间的则根据开间尺寸均分为四扇或六扇。

纱隔的四周也用木构框宕，用料的断面尺寸与屏门相同，其上槛也与屏门上槛平齐。柱侧立抱柱或边梃，若仅用两扇的则在纱隔的另一侧加装中梽，底部在边梃和中梽间设短槛，槛作凹凸起线，称为"细眉"，其底面用"闲游管脚"固定于地面。如果柱间成列设置，则用通长的下槛与抱柱下端相连，下槛的断面尺寸与屏门相同。

纱隔的窗扇构造与长窗类似，由夹堂、裙板、内心仔诸部分组成，只有内心仔背面覆以轻纱以替代长窗的明瓦，也正是因此得名为纱隔。由于纱隔的特点是轻巧秀丽，故而裙板、夹堂多以花卉、案头供物等作雕刻图案，甚至还有用黄杨雕刻镶嵌的。纱隔的内心仔分上下为二或三份，以三份为多，每份当中留空，作长方形的空宕，四角镶回纹"插角"装饰，或于四周连"雕花结子"，插角和结子常用黄杨木、银杏木等雕制，十分精美。窗扇背面覆以青纱，也有用薄板代替青纱的，板面裱糊字画。自玻璃被广泛使用后，在内心仔上也有镶嵌玻璃的，使纱隔两面视线通透（图 4-6-41）。

纱隔的启闭不用摇梗，而是用铰链，因为铰链较为精细。在纱隔上还装有一些金属小构件。如装在中夹堂侧边梃上的铜制"拉手"或"风圈"，拉手为铜片制作，表面刻花，两端作如意形；风圈是拉手的一种，也为铜制，作圆形、海棠诸式。窗下横头料上则安有摘钩及插销或"鸡（羁）骨搭钮"等，摘钩用于窗扇开启时的固定，而插销或鸡（羁）骨搭钮用于窗扇关闭时的固定。

3. 罩

罩按照形式的不同可分为"落地罩"、"飞罩"和"挂落飞罩"三种。

（1）落地罩

落地罩用来分隔室内空间，同时起到装饰室内的作用，但用落地罩分隔空间却能给人一种虽隔还连的感觉，其多

图 4-6-41 纱隔

图 4-6-42 落地罩

图 4-6-43 飞罩

图 4-6-44 挂落飞罩

用于鸳鸯厅的次间，也有安装在一些园林建筑的正间或其他部位的。

落地罩上端置上槛，两侧设抱柱，通常嵌于两柱之间，充斥一个开间。罩的内缘作方、圆、八边形的空宕，因两端落地而得名，下置"细眉座"，座的形式与纱隔下的细眉相似，而起线及雕刻纹样可随意选用。落地罩或选用上好的木条拼斗出各种装饰纹样，或用大片木板雕镂出图案，常见的有"整纹"、"乱纹"、"鹊梅"、"喜桃藤"、"松鼠合桃"等样式（图 4-6-42）。如果柱子过高，需在罩顶上再加横风窗，并在窗与罩之间设中槛。

（2）飞罩与挂落飞罩

飞罩与挂落飞罩结构基本相似，都用来分隔一些间距不大的室内空间并起到装饰点缀的作用，如用于两纱隔之间或轩柱与步柱之间等。飞罩一般用在间距稍宽之处，其形式与挂落相似，但因两端下垂较多，形如拱门，间距较宽才不致妨碍通行（图 4-6-43）。挂落飞罩则用于间距不大之处，下垂的长度较飞罩减少，以便于通行（图 4-6-44）。飞罩与挂落飞罩的花格纹样较挂落要更丰富精美，因而须用较挂落质地更好的木料来进行制作。

（3）其他的室内分隔构件

在室内除了用屏风门、纱隔与各式罩来分隔空间外，板壁和博古架等也具有类似的功能。

当然，板壁可归为隔墙，但因板壁在实际运用中能根据需要随时装卸，作用与屏门相同，因而在此介绍。板壁的构造有两类（图 4-6-45），一类是讲究的做法，其有如落地长窗，上下装槛，柱侧立抱柱，抱柱与上下槛合为框宕，内装门扇状板壁。板壁构造以竖梃和横头料结合成框，中间填板并用横料分隔成三部分：上下为垫板，中为束腰，垫板高度较大，束腰呈横长形，垫板和束腰的四周起线框，框内有时还用线刻装饰。另一类是简单的做法，板壁与店面的排门板相似，仅在上下槛开槽，用通长的厚板嵌入槽内即成。

博古架属于家具的一种，是用许多不同长度的板条纵横拼搭而成的搁架，其板宽一尺半左右，厚八分，拼搭的形式古拙而随意，并与

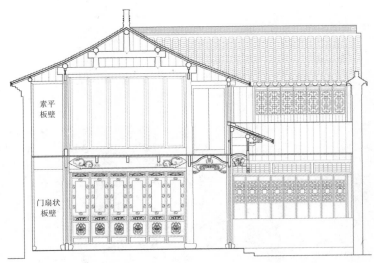

图 4-6-45 两种板壁

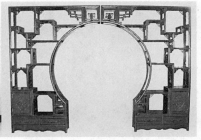

图 4-6-46 博古架

架上陈设的古董器物相映成趣。有的博古架下部还做成储物柜。但其中的大型博古架可兼作室内隔断，具有与落地罩类似的功能，其被安置于两柱之间，高度一般与纱隔相同，宽须填满两柱之间的空间，当中留空，以供通行（图 4-6-46）。

（五）天花

天花在北方与门窗、栏杆等一并归于装修之列，其虽不能随意装卸，但也是分隔室内空间的构件，故将其放在装折部分介绍。

1. 仰尘

苏州地区的传统建筑大多数梁架露明而不设天花，不过也有些住宅特别是卧室，为了防止梁架上的灰尘飘落而在梁枋间加装顶篷，该顶篷称之为"仰尘"。

仰尘的构造有两种，一种是在四平枋侧加钉二寸见方的长木条，内装六至八扇木制顶格，顶格以开间之阔定框长，以进深匀分定框宽，用一寸半（约40mm）左右的边梃和横头料围合成框，框内再用看面宽八分（约25mm），深（厚）与框同或略小的心仔纵横搭接成小方格状，最后在顶格底面裱糊白纸。另一种是钉板的仰尘，因为纸糊的仰尘虽能使室内白净明亮，但与门窗、板壁等并不协调，而钉板的仰尘则要和谐很多。其做法是首先在四平枋侧钉木条，与前一种仰尘相同，然后在前后木条上加装与进深相等的木档，最后在木档的底面钉板条（图 4-6-47）。

2. 棋盘顶

殿庭建筑若加装天花，除采用上述板条仰尘外，还有使用棋盘顶以及棋盘顶与板条天花组合使用等形式。

棋盘顶的做法是先在柱的上部架断面为三寸乘五寸（约85mm×130mm）的天花枋，然后在枋上置断面为二寸见方（55mm×55mm）的木档，纵横相交形成方格。木档的上面做裁口，安装天花板，下面起线脚。天花板大小为一尺半到二尺见方（约400mm×400mm~550mm×550mm），具体的尺寸需根据整个天花的大小确定（图 4-6-48）。天花板为六至八分（15~25mm）厚的木板拼合而成，但正中一列天花的中线须与建筑的轴线重合，一般一间内的天花板数可以是整数块，也允许出现半块或大于半块的，但如果有小于半块的，则需调整尺寸。棋盘顶的看面须刨光，并绘制彩画。

3. 卷篷

"卷篷"是因有些园林中的小轩或船厅，其构架采用回顶，并将天花板条直接顶于桁下，天花沿提栈的曲势作船篷状弯转而得名（图 4-6-49）。

图 4-6-47 仰尘

图 4-6-48 棋盘顶

图 4-6-49 卷篷顶

4. 藻井

藻井是我国传统建筑中等级最高的天花，除庄严肃穆的宫殿、寺庙的正殿外均不得使用。在苏州地区传统建筑中，藻井的实物在等级较高的殿厅并未见有使用，而主要存在于戏台之中。这可能是因为那些戏台修建的年代较迟，严格的建筑等级相关规定已有所放松，且穹藻井还具有一定的声学作用，能提高戏台的音响效果，当然还需进行科学的求证。

其做法是，梁先做出方形井口，然后用搭角梁将四方变八方，若做圆藻井则还需在内角加贴扁担木，并刨圆。然后在井口之上置牌科，用斜拱出挑，盘旋而上，形成穹隆状。其顶端装铜制的宝镜，晚近也有用玻璃镜替代的。拱下用凤头昂，其端部雕成凤头状，寓"百凤朝阳"之意（图4-6-50）。

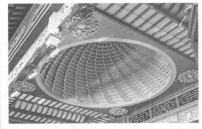

图 4-6-50　藻井

第七节　木雕

在我国古代，建筑的装饰与其规模一样，都是主人身份地位的象征，有着等级的限制。但装饰自己的住宅、自己的家，是人们基本的审美需求之一，于是民居装饰的发展就形成了在相应的制度之下，充分运用允许使用的各种手段来装饰自己的建筑这一普遍特征，由此也造就了丰富多彩且各具特色的地方建筑装饰艺术。木雕主要有平雕、浮雕、透雕、圆雕、嵌雕等多种工艺。

苏州地区更是因其优越的自然条件，较为安定的社会环境，使得当地的经济和文化快速发展，从而带动苏式建筑形成了适应当地气候条件、合理利用地方材料且独具特色的布局和结构方式，同时也不断丰富并完善着苏式建筑的装饰艺术。其中，建筑木雕就是一种在我国建筑装饰体系中独树一帜，具有相当艺术价值的技术与艺术。

一、木雕工具

用于雕刻的工具，主要有斜凿、正口凿、反口凿、圆凿、翘、溜沟、敲手、镂弓子（钢丝锯）、木锉、斧子、锯子、磨头等。其中，每种凿铲还都有尺寸规格大小不等的一个系列，以适应雕凿各种粗细花纹；敲手通常用黄杨、黄檀、枣木、榉木等硬木做成，是用来剔凿时敲打凿刀的用具；镂弓子则是用来做各种透雕的必不可少的工具；斧子的用途是大量砍削木料配合出坯；木锉的用途主要是在圆雕的细坯阶段，可代替平刀将刀痕凿迹锉磨平整以便修光，又可代替圆刀或斜刀作镂空处理，而且还能大面积迅速地调整造型结构，并与雕刻刀结合使用，处理人物衣纹等。

图 4-7-1　增福添寿的图案

二、常用图案

古建筑的雕刻装饰，通常都与建筑主人的身份、地位、理想、追求等密切相关。木雕在明、清两代所采用的纹样图案，大都表达高雅、富丽、吉祥等寓意，如追求增福添寿、万事如意，会在装修中采用蝙蝠、卍字、寿字、如意等内容（图4-7-1）；如体现文雅、清高、脱俗和气节的，则多以梅、兰、松、竹、荷花、博古等图案装饰宅邸（图4-7-2）；追求富贵的则多以福、禄、寿、喜、牡丹、孔雀等为题材（图4-7-3）；而佛教建筑则多以佛教故事以及轮、罗、伞、

图 4-7-2　清高脱俗的图案

图 4-7-3　追求富贵的图案

图 4-7-4　梁上的木雕

图 4-7-5　山雾云木雕

图 4-7-6　雕花梁垫

图 4-7-7　枫拱雕饰

盖、花、罐、鱼、肠等佛门八宝为图案。

　　苏州民居建筑装饰也独具特色，其常在梁架上施以雕饰，如扁作厅，由于其梁、枋断面均为矩形，因此两个侧面成为重要的雕饰部位。大梁、山界梁及轩梁上常雕出卷草、流云之类的浅浮雕（图 4-7-4），而在山界梁上设有斜置的采用高浮雕和透雕方式装饰的山雾云（图 4-7-5）。此外，扁作厅用斗栱代替童柱，于是梁垫蜂头（图 4-7-6）、枫拱（图 4-7-7）、蒲鞋头之类还成了雕镂精美的雕饰物。为增加室内面积，"花篮厅"在明间两侧的步柱采用悬梁，其柱端雕作花篮状（图 4-7-8），这也是其得名的原因；如果不作繁复雕饰，仅将梁枋断面转角处用刨刨成两小圆弧内凹相接的木角线，并使之沿梁架绕通，则称贡式厅。

　　苏州民居木雕应用最广的则是在所谓的"装折"之上，包括木制门窗、栏杆、挂落、室内的各种罩等。落地长窗、槛窗等窗扇都有刨成各种线型的外框，在夹堂板及裙板上则雕饰有浮雕，且题材广泛（图 4-7-9），更甚的是在时代晚近的民居中，窗侧的抱柱及上下槛都用阴线刻出卷草等纹样进行装饰。不过装折中还是在室内分隔空间的各种罩的木雕用材最为讲究，也最富艺术魅力。多数的罩是由木质上佳的小木条拼斗出花格，然后再进行雕镂的，而在豪华府宅中，罩甚至有取用大块黄杨或银杏板材，用浮雕和透雕结合的方式整体制作的（图 4-7-10），成为具有极高价值的古代艺术品。

三、图案拓印

　　木雕在雕刻前，需要把图案拓印到木料上，然后才能进行雕凿及修光、打磨等工序。拓印包括绘稿和上样两个步骤。

　　绘稿分为两种形式，一种是直接用笔在木料上画出所要雕刻的图案，这种图案往往较为简单，另一种是在纸上勾画图案后，把纸贴在木料上进行雕刻，通常工艺难度较高、图案比较复杂的采用这种方式。直接绘制的方式通常是先

图 4-7-8 垂花柱

图 4-7-9 裙板雕饰

图 4-7-10 整块木雕成的罩

画好图案的轮廓，然后用细小的凿子沿笔迹浅细地清凿一遍，待定出大体形象后再进一步画出细部图样，不能一次画完整的，可边画边雕，逐步深入。需要拓印的，先在纸上完成绘稿，然后将 1：1 勾画好的图案上浆，贴在木料上，即"上样"，然后也是先定出轮廓形象后进一步刻画细部，如果雕刻图案分为多层，可以一层一层地绘稿，一层一层地雕琢。

当然，木雕是个精细的活，不管是简单地直接在木料上画还是拓印，都要分步进行，逐步深入先定大致轮廓和主体结构，再绘制及雕凿细部，不可着急。

四、雕凿次序

民间木雕的一般制作程序是选料、绘稿、上样、刻样、打坯、修光、打磨、上光等。

在确定雕刻的木料，并绘稿上样后，就正式开始雕凿了。首先是打坯，即造型，就是把画面的基本轮廓、基本深度打造准确。先是打凿粗坯，要求做到整体感强、比例协调、构图完整，同时还要注意留有余地，因为"留得肥大能改小，唯愁瘠薄难复肥，内距宜小不宜大，切记雕刻是减法。"接着打凿细坯，从整体着眼调整尺度比例和布局构图，然后逐步雕凿成形，并对细部进行雕凿，同时为修光留有余地。修光也称为"出细"，就是在凿好的细坯上运用精雕细刻及薄刀法修去刀痕凿垢，使表面齐整细致。然后用砂纸等进行打磨，直至表面细腻光洁。接着根据需要进行着色上光，直至木雕光泽均匀、手感光滑，达到所需要求即可。

第五章 泥水作

第一节 砖瓦

一、砖瓦种类

现在建筑使用的砖瓦都是机械生产的，且有相应的规格标准，所以不论在什么地方，砖瓦规格基本统一。但在过去，不仅砖瓦种类繁多，且有尺寸、规格、产地、工艺等，甚至于不同地区、不同窑口生产的同种砖瓦也具有细微的尺寸差异，加上建筑的等级限制，所用砖瓦还有大小规格之别，因而造成了砖瓦名称的不统一和使用的不便。

当今的建筑营造活动中使用的都是标准的机制砖瓦，规格统一，产量大。不过由于苏州地区存在大量的传统建筑和古典园林，在它们的修葺以及新建的仿传统苏式建筑与园林中，依然使用的是传统砖瓦。当然，时至今日，除了陆墓（原称北窑）、嘉兴（原称南窑）等原本具有悠久历史且规模较大的窑口仍在生产传统砖瓦外，当年众多的窑口已经停止生产或改作机制砖瓦了，不过其规格与名称大多沿用至今。

表 5-1-1 ～ 表 5-1-10 均来源于《营造法原》及相关调查。

各种传统砖料名称、尺寸　　　　　表 5-1-1

名称	长	宽	厚	重量
大砖	1.02 ~ 1.8 尺	5.1 ~ 9 寸	1 ~ 1.8 寸	
城砖	0.68 ~ 1 尺	3.4 ~ 5 寸	0.65 ~ 1 寸	
单城砖	7.6 寸	3.8 寸		1.5 斤
行单城砖	7.2 寸	3.6 寸	7 分	1 斤
橘瓣砖				5、6、7、8 两
五斤砖	1 尺	5 寸	1 寸	3.5 斤
行五斤砖	9.5、9 寸	4.3 寸		2.5 斤
二斤砖	8.5 寸			2 斤
十两砖	7 寸	3.5 寸	7 分	
六两砖	1.55 尺	7.8 寸	1.8 寸	7 两
	2.2 尺	2.2 尺	3.5 寸	
正京砖	2 尺	2 尺	3 寸	
	1.8 尺	1.8 尺	2.5 寸	
半京	2.42 尺	1.25 尺	3.1 寸	
二尺方砖	1.8 尺	1.8 尺	2.2 寸	5.6 斤
一尺八方砖	1.6 尺	1.6 尺	2.2 寸	3.8 斤（2.8 斤）
尺六方砖			加厚	2.8 斤（2.2 斤）
尺五方砖				
尺三方转			1.5 寸	
南窑大方砖	1.3 尺	6.5 寸	加厚	2.2 斤
来大方砖				1.6 斤
山东望砖	8.1 寸	5.3 寸	8 分	

续表

名称	长	宽	厚	重量
方望砖	8.5寸	8.5寸	9分	
八六望砖	7.5寸	4.7寸	5分	
小望砖	7.2寸	4.2寸		
黄道砖	6.2寸	2.7寸	1.5寸	
	6.1寸	2.9寸	1.4寸	
	5.8寸	2.6寸		
	5.8寸	2.5寸	1寸	
并方黄道砖	6.7寸	3.5寸	1.4寸	
台砖	3.5尺	1.75尺	3寸	
琴砖	3.2尺			
半黄	1.9尺	9.9寸	2.1寸	
小半黄	1.9尺	9.4寸	2寸	

各种瓦件名称与尺寸   表5-1-2

名称	长	高	宽	厚	直径	备注
五套龙吻		2.8尺	1尺	4寸		
七套龙吻						吻嘴高1.1鲁班尺。分5块
九套龙吻		4.2尺	1.35尺	6.5寸		
十一套龙吻						吻嘴高2.2鲁班尺。分6块
十三套龙吻		5.5尺				2.5尺。分7块
天王（广汉）		1.3尺	5.5寸	3.5寸		用于竖带或水戗
天王（广汉）		1.6尺	7寸	5.5寸		
天王（广汉）		1.8尺				用于竖带
天王（广汉）		2尺				
天王（广汉）		3尺				
钩头狮		狮高9寸		4.5寸	筒径6寸	坐毛筒（共三种）上
钩头狮		狮高6.5寸		3.5寸	筒径4寸	坐五筒上
坐狮		1尺				座圆形，径4.5寸，高4寸
小坐狮		7寸				座半圆形，径5寸，用于水戗
走兽						另有5斤走兽一种，用于水戗
檐人，钉帽子		3寸			1寸	
鱼龙吻		2.8尺	1尺	4寸		用于正脊
细小号双套哺鸡		7寸	6.5寸	3寸		有花纹，窑家称为小号、二号、三号
细二号双套哺鸡		9寸	7.5寸	3.5寸		
细三号双套哺鸡		1.1尺	8.5寸	4寸		
粗小号双套哺鸡		7寸	6.5寸	3寸		
细二号双套哺鸡		9寸	7.5寸	3.5寸		制作较粗
细三号双套哺鸡		1.1尺	8.5寸	4寸		
哺龙						
大插花通脊	7寸		7.5寸	6寸		
中插花通脊	6寸		6.7寸	5.5寸		
小插花通脊	5寸		6寸	3寸		
三寸筒						
五寸筒						
七寸筒						
加长毛筒	1.2尺				6.5寸	
行毛筒	1.2尺				6寸	用于筑脊，面径计
盖脊大筒	1.2尺				7寸	用于盖脊，面径计
太史筒	1尺				5寸	面径计
太史钩筒	1尺				5寸	加钩头，面径计
增长钩筒	1尺				5寸	加钩头，面径计
花边	6.5寸		弓面8.3寸			合大屋用，如需更大，可定烧
花边	6寸		弓面6.6寸			合小南屋用

续表

名称	长	高	宽	厚	直径	备注
滴水一号	1.02 尺		弓面 9.6 寸			
滴水二号	8.7 寸		弓面 9.3 寸			
滴水三号	7.8 寸		弓面 7.8 寸			
黄瓜环瓦	1 尺		弓面 5.3 寸			有盖瓦、底瓦两种
注水（方）						注水即水落管
马槽沟	1.8 尺					槽形，用于天沟
大元沟						排水用
二号沟						排水用
小元沟						排水用
方筌		1.8 尺				方形砖，用于过脊枋
方筌		2 尺				方形砖，用于过脊枋
方筌		3 尺				方形砖，用于过脊枋
车头						吻座或天王座，包括车头、车心、车脚三部分。如竖带之车心部分常作虎面，其他如水戗之吞头，以前均系窑货，现改灰塑
车心（虎面）						
车脚						

二、砖瓦产地

各种砖瓦产地与产品　　　　　表 5-1-3

产　地	产　品	产　地	产　品
北　窑	产砖瓦（陆慕一带）	洪家庄	大窑产方砖
南　窑	产砖瓦（嘉兴一带）	张家桥	做瓦坯
红家塔	大窑产二寸砖	锄锡境	做砖坯
御　窑	大窑产京砖	五从泾	小窑产瓦
中　桥	大窑产方砖	稍　角	产瓦
长　浜	小窑专做砖坯	下前庙	产瓦
陆　慕	大窑产花色	马塔塘	产砖瓦
东徐庄	大窑产瓦	常　熟	产砖瓦及黄道砖
许家浜	小窑做瓦坯	无　锡	产方砖、砖瓦
韩家坟	做砖坯	朱家河	产二寸砖
寺　前	小窑产瓦	甏　门	产机砖
轴头浜	小窑做砖坯		

三、砖瓦运用

（一）砖之应用

各种传统砖料的用途　　　　　表 5-1-4

名　称	用　途	名　称	用　途
大砖	砌墙用	尺五方砖	厅堂铺地用
城砖	砌墙用	尺三方转	厅堂铺地用
单城砖	砌墙用	南窑大方砖	厅堂铺地用
行单城砖	砌墙用	来大方砖	厅堂铺地用
橘瓣砖	砌发券用	山东望砖	用于椽上
五斤砖	砌墙用	方望砖	用于椽上（殿庭用）
行五斤砖	砌墙用	八六望砖	用于椽上（厅堂用）
二斤砖	砌墙用	小望砖	用于椽上（平房用）
十两砖	砌墙用	黄道砖	天井铺地、砌单墙用
六两砖	筑脊用	并方黄道砖	天井铺地、砌单墙用
正京砖	大殿铺地用	台砖	铺台面用
半京	铺地用	琴砖	铺台面用
二尺方砖	厅堂铺地用	半黄	砌墙门用
一尺八方砖	厅堂铺地用	小半黄	砌墙门用
尺六方砖	厅堂铺地用		

使用大砖所砌空斗墙每平方丈用砖数量　　　　表 5-1-5

大砖尺寸			每平方丈墙体斗数(每斗 6 砖)		每平方丈用砖数	备注
长（尺）	宽（寸）	厚（寸）	高（皮数）	宽（斗数）	（块）	
1.8	9	1.8	9	4.95	267	
1.75	8.8	1.7	9.09	5.01	178	
1.7	8.5	1.7	9.43	5.23	296	
1.65	8.3	1.6	9.71	5.3	320	
1.6	8	1.6	10	5.55	333	
1.55	7.8	1.5	10.42	5.8	363	
1.5	7.5	1.5	10.75	6	387	1. 本表指"单丁单扁空斗墙";
1.45	7.3	1.4	11.1	6.17	411	2. 每皮指一层扁砖加一层斗砖
1.4	7	1.4	11.5	6.4	442	
1.35	6.8	1.3	11.9	6.6	471	
1.3	6.5	1.3	12.35	6.85	508	
1.25	6.3	1.2	12.8	7.14	548	
1.2	6	1.2	13.3	7.4	590	
1.16	5.8	1.2	14.3	8	686	
1.08	5.4	1.1	14.7	8.2	723	
1.04	5.2	1.1	15.4	8.55	790	
1.02	5.1	1	16	8.77	842	

使用城砖所砌空斗墙每平方丈用砖数量　　　　表 5-1-6

城砖尺寸			每平方丈墙体斗数(每斗 6 砖)		每平方丈用砖数	备注
长（尺）	宽（寸）	厚（寸）	高（皮数）	宽（斗数）	（块）	
1	5	1	16.1	8.9	860	
0.96	4.9	1	16.4	9.1	896	
0.95	4.8	0.95	16.8	9.3	937	
0.94	4.7	0.95	17.1	9.5	975	
0.92	4.6	0.9	17.5	9.7	1019	
0.9	4.5	0.9	18.2	9.9	1081	
0.88	4.4	0.9	18.4	10.1	1127	1. 本表指"单丁单扁空斗墙";
0.86	4.3	0.85	18.7	10.4	1167	2. 每皮指一层扁砖加一层斗砖
0.84	4.2	0.85	19	10.6	1208	
0.82	4.1	0.8	19.5	10.9	1275	
0.8	4	0.8	20	11.1	1332	
0.78	3.9	0.8	20.4	11.4	1395	
0.76	3.8	0.75	21	11.7	1475	
0.74	3.7	0.75	21.5	12	1546	
0.72	3.6	0.7	22.2	12.35	1645	
0.7	3.5	0.7	23	12.8	1766	
0.68	3.4	0.65	23.8	13.25	1892	

屋面每平方丈用望砖数量　　　　表 5-1-7

建筑等级	品种	望砖尺寸			每平方丈用砖数（块）		
		长（寸）	宽（寸）	厚（寸）	依提栈淌方	照地盘	加剖劈
殿庭	山东望砖	8.1	5.3	0.8	220	304	
	方望砖	8.5	8.5	0.9	123	164	
厅堂	八六望砖	7.5	4.7	0.5	265	480(加剖劈)	360（实用 7 折）
	小望砖	7.2	4.2		335	560(加剖劈)	420
平房	八六望砖	7.5	4.7	0.5	265	480(加剖劈)	360（实用 7 折）
	小望砖	7.2	4.2		335	560(加剖劈)	420

（二）瓦之应用

瓦的名称与尺寸					表 5-1-8

名称	瓦尺寸			重量	备注
	长	弓面宽	厚	（斤）	
小南瓦	6 寸	6.6 寸		0.8	
反水斜沟瓦	1.15 尺	1.35 寸	7 分	4	
	1.03 尺	1.3 尺	7 分	3.5	
斜沟瓦	1 尺	1.1 尺	6.5 分	2.6	长 9 寸以下尺寸的斜沟瓦用作底瓦
	9 寸	1.05 尺	6 分	2.4	
	9 寸	1 尺	6 分	2.2	
	8.5 寸	9.7 寸	5.5 分	2	
	8.3 寸	9.3 寸	5.5 分	1.9	
	8 寸	9 寸	5.5 分	1.8	
	7.5 寸	9 寸	5 分	1.6	
	7.5 寸	8.8 寸	4.5 分	1.3	
	7.2 寸	8.3 寸	4 分	1.1	

屋面铺瓦，以盖瓦（覆瓦）、底瓦（仰瓦）伸出尺寸估算用瓦数量			表 5-1-9
盖瓦伸出尺寸（寸）	底瓦伸出尺寸（寸）	每方用瓦数（张）	备注
1	1.6	1710	1. 盖瓦用南窑，底瓦系北窑； 2. 屋面合方照屋面提栈淌方（天方）合算； 3. 屋面上望砖、筑脊瓦、嵌老瓦当、垫瓦头瓦均另加
1.2	1.8	1480	
1.4	2	1310	
1.6	2.2	1170	
1.8	2.4	1060	
2	2.6	970	
2.2	2.8	890	
2.4	3	810	
2.6	3.2	766	
2.8	2.4	716	
3	3.6	673	

屋面铺瓦，以平面估算用瓦数量		表 5-1-10
盖瓦伸出尺寸（寸）	平面每方用瓦数（张）	备注
1	2660	1. 以上用瓦数量：盖瓦（覆瓦）6 成；底瓦（仰瓦）4 成； 2. 屋面上望砖、筑脊瓦、嵌老瓦当、垫瓦头瓦均另加
1.2	1960	
1.4	1730	
1.6	1550	
1.8	1400	
2	1280	
2.2	1180	
2.4	1070	
2.6	1015	
2.8	950	
3	900	

第二节 工具

一、泥刀

泥刀也称瓦刀，由薄铁板制成，呈刀状，是砌墙的主要工具，在砌墙时可用来斩断砖头、修削砖瓦、填敷泥灰等，也用于宕瓦或修补屋面时的瓦面夹垄和裹垄后的赶轧。

二、灰板

灰板，也叫托灰板，是木制的抹灰工具之一，抹灰操作时的托灰工具，其前端用于盛放灰浆，后尾带有手执木柄。

三、抹子

抹子是一种抹灰工具，可用于墙面抹灰、屋顶苦背、筒瓦裹垄等。古代的抹子比现代的抹子小，其前端更加窄尖，且比现代的抹子多一个连接点，也被称为"双爪抹子"。

鸭嘴是一种小型的尖嘴抹子，也是一种抹灰工具，因其小，故主要用于勾抹普通抹子不便操作的窄小处，同时也用于堆抹花饰。

四、尺子

泥水作所用的尺子种类很多，主要有以下几种：

平尺，就是现在所谓的直尺，是用薄木板制成，小面要求平直。短平尺用于画砍砖的直线、检查砖棱的平直等。长平尺则是用来检查砌墙、墁地时砖的平整度，以及抹灰时的找平、抹角等。

方尺，是木制的直角拐尺，是用来找方的工具，主要用于砖加工时直角的画线和检查，以及抹灰和其他需用方尺找方的方面。

活尺，也叫活弯尺，是角度可以任意变化的木制拐尺，多用于"六方"或"八方"角度的画线和施工放线等。

扒尺，是木制的丁字尺，主要用于小型建筑施工放线时的角度定位。尺上还附有斜向的"拉杆"，该拉杆既可以固定丁字尺的直角，又可以利用本身形成一定的角度。

包灰尺，形同方尺，但角度略小于90°，是砖加工的工具之一，用于砍砖时度量砖的包灰口是否符合要求。

矩尺，由两根前端磨尖的铁条铰接成剪刀叉状，是砖加工的画线工具，除可画出圆弧外，还能利用两根铁条平行移动所得形状相同的原理，把任意图形平移到砖上。

制子，是一种小型的度量工具，多用小木片制成，往往比尺子使用更为简便。

五、其他

除了以上一些工具外，泥水作还需用到以下一些工具：

蹾锤，是砖墁地的工具，用于将所铺之砖蹾平、蹾实，多为将城砖加工成圆台体，中间开孔眼，眼中穿入一根木棍而成，近代多用皮锤代替。

木宝剑，也叫木剑，是由短而薄的木板或竹片制成，一端修成便于手执的剑把状，主要用于墁地时砖棱的挂灰。

泥水作的刨子与木工刨子相仿，用于砖表面的刨平，使用时比斧子铲面更为顺手。该工具是20世纪30~40年代由北京的工匠受木工刨子的启示发明的。

斧子，是砖加工的主要工具之一，用于砖表面的铲平和砍去砖的多余部分。斧子由斧棍和刃子组成，在斧棍中间开"关口"揳刃子，刃子呈长方形，两头开刃。

凿子，是砖加工工具，分为扁头的和尖头的，规格根据需要也有多种，通常用扁铁制成，前端磨出锋刃，使用时以木敲手敲击凿子，用来打掉砖上多余的部分。

木敲手，是指便于手执的短枋木，也是一种砖加工的工具，其作用与锤子相同，但较锤轻便，敲击力量更轻柔，使用时用来敲击凿子，剔凿砖料。

煞刀，是一种用铁皮做成的砖加工工具，需在铁皮的一侧剪出一排小口，用于切割砖料。

磨头，是用于砍砖或砌干摆墙时的磨砖工具，可用糙砖、砂轮或油石等做成。

第三节　墙垣

墙垣与屋面都属于砖瓦作，也即泥水作工种，但由于它们属于建筑不同的部分，因此分章节进行介绍。

一、墙垣类型

墙垣根据其所处的位置不同可以分为山墙、檐墙、隔墙、院墙等。

"山墙"是建在单体建筑中房屋两端边贴屋架上的墙。平房的山墙多沿屋面顺势而起，墙顶覆瓦，与屋面连为一体（图5-3-1）。厅堂的山墙分两种，一种墙在屋面下，与平房类似，另一种则高出屋面。高出屋面的山墙也有两种形式，如果山墙顶依提栈作逐层跌落状者称"屏风墙"（图5-3-2），如果墙顶由屋檐起曲线过屋脊而下者称为"观音兜"（图5-3-3）。屏风墙有三山屏风墙和五山屏风墙两种，观音兜也有全观音兜和半观音兜两种。全观音兜自廊桁处起曲势，或者在檐口以上砌垛头然后起势而成；半观音兜则由金桁处起曲势而成。

"檐墙"顾名思义，是位于檐下之墙。檐墙分为出檐墙、包檐墙和半墙（图5-3-4）。"出檐墙"是指仅砌至枋底，其上部木构件露明，椽头及屋面挑出墙外的檐墙，墙顶将上部木构件及椽头全部封住的则是"包檐墙"。"半墙"则是指用于窗下的短墙，也有用在栏下及将军门下的，将军门下的半墙被称为"月兔墙"。

图 5-3-1　平房的山墙

图 5-3-3　观音兜

图 5-3-2　屏风墙

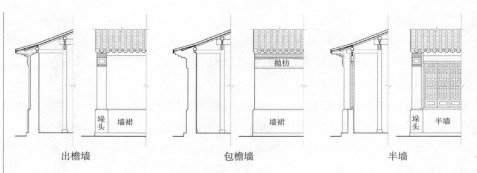

| 出檐墙 | 包檐墙 | 半墙 |

图 5-3-4　檐墙

图 5-3-5　漏窗和月洞

图 5-3-6　八字墙和照墙

"隔墙"是指在建筑室内进行空间分隔的墙。在厅堂之中，为了满足临时举行大型活动的空间之需，隔墙多会使用板壁，以方便在需要时取下。

"院墙"则是在建筑组群中联系前后进建筑的墙垣的总称。如在厅堂前天井的两侧分隔天井及房屋的院墙，以及厅堂后围出落水天井的院墙，称为"塞口墙"；围绕和限定建筑附带的花园的院墙称为"园墙"；在花园内部还有叫做"花墙"的园墙，这种墙垣不光对园内空间进行分隔，且墙上还常常做出很多形式各异的漏窗、月洞（图 5-3-5）。如果是对整组建筑进行边缘限定的院墙，那么则称之为"界墙"，界墙通常与其他建筑或河流、街道、隙地等相接。

此外，在大型宅邸的大门对面以及两旁往往还设有照墙和八字墙（图 5-3-6）。

二、墙垣砌筑与修饰

（一）开脚与墙脚驳砌

墙体在砌筑之前一般还有放线定位、"开脚"和"驳砌墙脚"等前期工序，开脚即现在所说的开挖地基，驳砌墙脚就是指的砌筑基础。单体建筑上的山墙、檐墙、半墙等墙体，由于都立于台基之上，以台基为依托，所以可以省却以上步骤。

放线定位是墙垣砌筑的第一步，是在确定的墙垣位置前后钉"龙门板"，并在板上标示出墙中、墙内外两侧及基槽的位置，然后以龙门板上的标示为依据进行拉线，并用白灰在地面放出基槽的边缘。墙脚一般宽二尺半左右（约700mm），在开脚时两边需各放一尺左右（约300mm），使底面宽至约四尺五寸（约1200mm），这是因为开挖宽度需考虑地基的夯打、墙脚驳砌等施工活动空间以及基槽边坡可能出现的自然坍塌等因素而确定的。

放线定位完成之后就可以进行开脚了。开脚深度需视墙体高度以及组砌方式的不同而确定。苏州地区的墙垣组砌方式主要有"实滚"、"花滚"及"斗子"三种：实滚每墙高一丈（约2750mm），开脚深一尺（约300mm）；花滚每墙高一丈（约2750mm），开脚深七寸（约200mm）；斗子每墙高一丈（约2750mm），开脚深五寸（约150mm）。有时墙垣砌筑会使用两种形式合砌，开脚深度则可以根据不同形式的高度比例进行折算。

墙脚驳砌需视地基土质采取不同的处理方式，与台基的地基处理相似。一般的土质只要予以夯实即可，如果土质松软则需加深开脚，并可以加打领夯石，以提高地基的承载力。领夯石之上可用塘石、乱石或糙砖进行绞脚，其墙脚高度虽并无特别的规定，但因石材的价格高于砖之价格，所以通常仅略高出地面，其上即用砖砌筑墙体。

（二）墙体组砌

苏地传统的砖料种类多、规格多，墙垣组砌方式也较多，大致可归纳为三类："实滚"、"花滚"和"斗子"。实滚是将砖"长头"扁砌或"丁头"侧砌；斗子即用砖砌成中空的"盒子"，在今天被称作"空斗"；花滚则为实滚与斗子相间砌筑的方式。墙垣组砌方式进一步细分的话，又有"实滚芦菲片"、"实扁镶思"、"空斗镶思"、"大镶思"、"小镶思"、"单丁斗子"、"双丁斗子"、"三丁斗子"、"大合欢"、"小合欢"等诸多的变化（图5-3-7）。选用何种砌筑方式则主要根据对墙体的要求以及造价等因素来决定。通常建筑山墙的勒脚、楼房的下层墙体等因承受的荷载较大而考虑采用实滚、实扁一类的组砌形式；园墙、塞口墙等内院的隔墙则可选择单丁、双丁等空斗墙体；而室内隔墙以及一些临时简易之墙多采用像小合欢那样仅半砖厚的空斗墙。

苏地旧时用砖主要来自嘉兴一带的南窑和苏州陆墓的北窑。用于砌墙的砖通常为城砖和二斤砖，墙体厚度通常为一尺到一尺四寸（约275~385mm），仅小合欢厚半砖约为四寸左右（约110mm）。所用城砖尺寸为长八寸二分（约220mm）、宽四寸一分（约110mm）、厚九分（约25mm），而二斤砖尺寸则为长七寸（约190mm）、宽三寸半（约95mm）、厚七分（约20mm）（图5-3-8）。

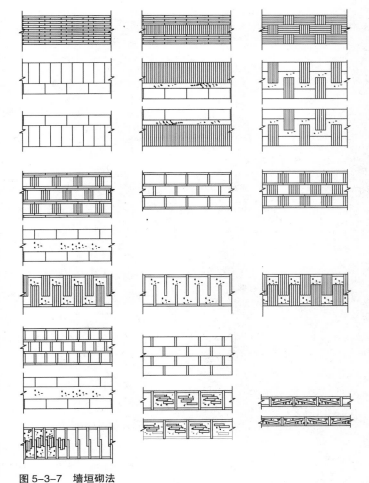

图5-3-7 墙垣砌法

为使柱子在室内露明，具有较好的装饰效果，定例规定单体建筑中的山墙及檐墙的里皮，都较柱中再向内退入一寸（约30mm），墙身与柱交接处需砌成八字形。

墙体砌筑时还要注意"收水"，即自下往上逐渐内收。收水的标准是墙每高一丈收进一寸，其中界墙、院墙、园墙等需两面收水，而山墙、檐墙则仅外单面收水。

（三）墙顶处理

为给人以完整的形象感觉，同时考虑墙体的整体美观效果，并能起到一定的保护作用，墙体砌至顶端都需作结顶收头处理。

平房山墙的结顶最简单，只需高砌砖两三皮，逐皮挑出一寸（约30mm）左右，再用纸筋粉面，最后刷色，即形成一条柔和的装饰线条。山墙顶面上覆瓦，与屋面联为一体。

观音兜是因其形如观音的"背光"而得名，是自金桁处向山墙顶（观音兜）作内凹曲线。半观音兜自屋脊底到山墙顶的上皮，高约四尺（约1100mm），宽约三尺半（约950mm）；全观音兜是自廊桁起山墙曲线的，上部尺寸需适当增加。虽形式不一，但其结顶方法与平房类似，只是观音兜墙顶高于屋面，两侧均需挑砖，分别做出线脚，顶面顺势覆二路盖瓦。

图5-3-8 城砖

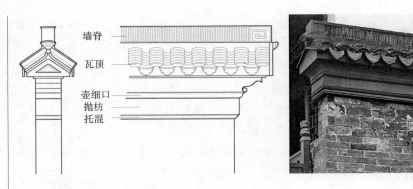

墙脊
瓦顶
壶细口
抛枋
托混

图 5-3-9　墙顶细部

图 5-3-10　浑水墙

图 5-3-11　清水墙

屏风墙有三山屏风墙和五山屏风墙，是依建筑的进深大小确定的。三山屏风墙高度自屋脊底到墙顶的上皮约四尺（约 1100mm），并以建筑山墙前后垛头间的距离平分为七份，中间占三份，旁侧各占两份；五山屏风墙则以建筑山墙前后垛头间的距离分作十一份，中间占三份，其余各两份。五山屏风墙各层既可等距跌落，也可中屏略高。屏风墙的墙顶处理需在墙垣的顶部做出墙脊、墙檐、抛枋及一些装饰线脚。即当墙体砌至一定高度后，将墙面两侧向外挑出少许，并向上砌高一尺左右（约 275mm），然后再砌砖逐皮出挑一寸（约 30mm），需砌砖二三皮，其上再以三五算或四算的提栈收顶，斜面上如屋面铺瓦一般铺覆仰瓦盖瓦，最后铺至墙脊处用望砖密排筑脊结顶。在墙垣粉面时，还需在出挑处塑出圆弧形线脚"托浑"，上平为"抛枋"，再上塑成下层外凸上层内凹的葫芦形线脚——"壶细口"（图 5-3-9）。该结顶方法与院墙、界墙、塞口墙等基本相同。

包檐墙的墙顶处理与屏风墙、院墙、界墙等墙顶相似，通常也在檐口之下做壶细口、抛枋、托浑等装饰线脚，并将枋子、椽头等封护在墙顶之内。而出檐墙因仅砌至枋底，其上的枋子和椽头露明，故其顶端不作太多的处理，仅将墙体顶部粉平或粉出向外倾斜的斜面即可。

（四）墙面修饰

对于苏式建筑的墙体表面，一般都会进行饰面处理，主要有两种形式，一种是"浑水墙"，是用灰砂、纸筋进行粉面（图 5-3-10）；另一种是"清水墙"，是用水磨砖贴面（图 5-3-11）。

1. 浑水墙

浑水墙饰面的工艺步骤是，首先在墙体表面用灰砂打底找平，待灰砂干后再以纸筋粉面，等到纸筋完全干透后就可以刷白或刷黑了。其中，"灰砂"就是用石灰、砂和水按一定比例化合成的胶泥，也用于墙体的砌筑，将灰砂用来覆盖墙体的凹凸，并用长尺刮平，可使墙面平整齐顺。"纸筋"则是先用稻草或纸脚（粗草纸的一种，含有大量的稻草纤维）与水一起放入石臼中捣烂，然后加入新化的石灰胶泥混合打烂拌匀而成。灰砂和纸筋层总共厚约八分（约 20mm），两者的厚薄比例为二比一左右。刷黑刷白则是墙面的最后效果处理。早期的建筑外墙多用刷黑，其法是先用青纸筋塌粉，待干透后再刷料水数遍，再用淡水刷几遍。等料水干后再用新扫帚遍刷三至四次，最后用蜡少许。其中，"料水"就是和轻煤之水，色泽青灰。"罩亮"就是用丝棉包少许蜡压磨到墙面起光。而所谓刷白就是只在墙面上刷石灰水二至三遍即成。不过墙面刷白后，墙顶的托浑、抛枋、壶细口等装饰线脚仍要进行刷黑，即形成"粉墙黛瓦"的效果。

2. 清水墙

清水墙被归于"做细清水砖作"，由于其工艺复杂，造价较高，所以一般除府邸、衙署的照墙以清水墙进行整体修饰外，一般都仅用于局部，起着画龙点睛的作用，如厅堂的勒脚、垛头、博风等部位。

清水墙饰面所使用的清水砖料要选择质地均匀、平整光洁、空隙少的大窑砖，其表面需先刨光，后打磨。砖与砖相接的砖边，在看面相临的四棱需留出一定宽度的垂直面，并予打磨，而嵌砌的面所临四棱需砍刨掉，形成向内的倾斜面，这样既能保证在砌筑时能吃住灰砂，但又能保证砌筑后砖缝匀称一致。此外，最边缘砖料的外缘则要与看面垂直磨平，或者刨出凹凸线脚也可。墙面嵌砌虽可以直接用灰砂粘贴于墙垣的表面，但为了清水墙外观更加美观、墙面更加平整，还是应该先用灰砂对墙面找平后再进行嵌砌。嵌砌时每皮都要先拉线再贴砖，且每砌一皮要检查砖缘是否有高低不平，每嵌砌三五皮后还要检查墙面的平整度，如有突起、不平应及时处理平整。

对于厅堂勒脚清水墙做法，则是用半黄砖扁砌，突出墙面一寸左右（约30mm），砌至勒脚顶端常用镶边结顶，即以宽二寸半左右（约70mm）的黄道砖略突出于勒脚，边缘起线脚，看面或素平或雕出回纹、云纹等装饰纹样。

图 5-3-12　墙面用清水砖饰面

一些装饰富丽的厅堂或照墙，往往会对整个墙面都做清水砖饰面，此时常根据墙面的面积大小，用水磨方砖在勒脚之上围砌成边框，并四周绕通，边框内缘刨磨起线。框内或用方砖或用半黄砖进行嵌砌，若为方砖则常转成45°角斜嵌，若为半黄砖则常平铺或裁成八角、小方相间嵌砌（图5-3-12）。

硬山山墙的屋面下如做清水砖博风（图5-3-13），则用水磨方砖嵌砌而成，塞口墙的抛枋也有做清水墙形式的，也是用水磨方砖嵌砌而成，其下缘刨出托浑线。包檐墙也有用水磨方砖做托浑、抛枋的，但抛枋四边要起线，两端作纹头装饰，且枋面微微隆起，做成所谓的"满式"。抛枋之上出"三飞砖"，再上联斜砖至瓦口。

图 5-3-13　清水砖博风

普通的做细清水砖作照墙与塞口墙相似，下用砖细勒脚，上为砖细抛枋，当中则是浑水面墙。较精致的砖细抛枋往往有两层或三层（图5-3-14）。用二层者，下枋较高，选用方砖或京砖水磨拼砌；上枋选用半黄或尺八方砖对锯，并挑出下枋数寸。枋的两端悬荷花柱，上覆"将板枋"。用三层者，在上、中、下枋之间均有"束编细"、"仰浑"、"托浑"相连，抛枋之上还要设"定盘枋"、坐牌科、架桁、椽以承屋面，其定盘枋、牌科、桁、椽等都为水磨砖制成。

图 5-3-14　精致的砖细照墙

3. 垛头

垛头有两种说法，一是指山墙位于檐柱或廊柱以外的所有部分，自下而上包括勒脚、墙身和承檐装饰部分，另一种仅指上部承檐装饰部分。山墙之勒脚外口与阶沿平齐，厚与山墙相同，高与檐墙等墙面勒脚相等；墙身的厚度较勒脚收进约一寸（约30mm）；承檐装饰部分的上缘至檐口，高度占总高的十分之一点五左右，其做法有砖细及水作两种（图5-3-15）。承檐装饰部分也可分为三个部分：上部在檐下依出檐的深浅用砖逐层出挑，可做成"三飞砖"、"壶细口"、"吞金"、"书卷"、"朝式"、"绞头"等诸多式样，侧面可素平也可作雕

图 5-3-15　砖细和水作垛头

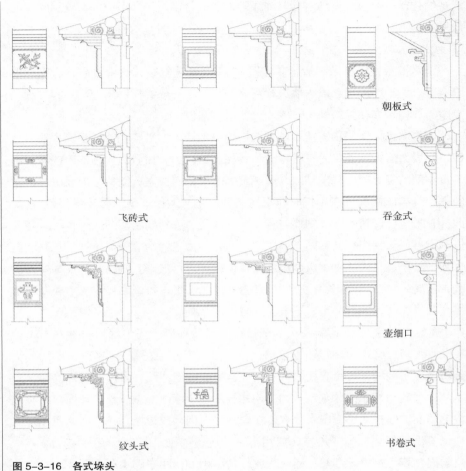

朝板式

飞砖式　　　　　　吞金式

壶细口

纹头式　　　　　　书卷式

图 5-3-16　各式垛头

刻，如最简洁的三飞砖就仅为素平，而绞头则雕出精细复杂的纹饰，最为富丽精美；中间为"兜肚"，即方形或略呈长方形的嵌砖，其看面或做平或做成满式，四周起内外两圈方形线框，线框间以"百结"、"套线"、"插角"、"工字档"等花纹装饰，线框中则雕有各种静物、花卉等图案，兜肚两侧或素平或刻出金钱、如意等纹样；兜肚以下则起"浑线"、"束线"、"文武面"等各式线脚（图 5-3-16）。水作的承檐装饰部分与砖细的相同，只是用灰浆纸筋塑出代替了砖细，省却了精细的饰纹，较砖细更为经济，却也不失精美细腻与简洁大方。垛头府宅多用精巧秀丽、富贵典雅的砖细做法（图 5-3-17）；而庙宇和普通民居则常用经济质朴、简洁大方的水作（图 5-3-18）。

三、洞门

（一）砖细墙门

在苏式建筑中，大厅、轿厅之后的天井往往为了天井形象能够整洁单一，同时起到界分内外的作用，常用塞口墙围出一狭小的落水天井，这样像客人的仆役就只能停留在门厅、轿厅等处，家中的男仆也不准进入大厅之后的内宅区。不过在塞口墙正中还是要设置墙门，以供进出需要。为了增强墙门的装饰效果，门头上都会饰有枋子、牌科、屋面等。墙门的屋脊通常都低于两侧的塞口墙，如果高出塞口墙顶则被称为"门楼"。两者下部做法完全相同，但上部形式不同，

图 5-3-17　砖细垛头

图 5-3-18　水作垛头

有三飞砖墙门和牌科墙门两种形式。

墙门的门框皆为石料所筑，其上架为"上槛"，两侧直立的石料称"枕"，下卧"下槛"，下槛高出地面二至三寸，称为"摧口"。在石框两旁作垛头，其深同门扇宽，下脚阔一尺半，下部做勒脚，方法与前述垛头大体一致，内侧呈八字形，称为"扇宕"，其斜度通常为十比四左右，是作为开门时门扇倚靠之处。扇宕间下铺条石称为"地枕"，上架条石名曰"顶盖"，内加横木则叫"叠木"。其外用水磨砖包贴，是为下枋，枋面突出垛头寸许，四边起线，两端作纹头雕饰。如果枋面为平面称之为"一块玉"，若中央施有雕刻则称"锦袱"。下枋之上有一组由仰浑、束编细、托浑组成的装饰线脚。托浑之上置"大镶边"，宽约寸余，四周起线，并可根据需要采用不同的线型组合。大镶边内分为三部分，两端是称为"兜肚"的方形部分，中间是用以题字的"字牌"部分。兜肚外缘刻有线框、嵌角，中间饰有花卉，大都较为简洁；字牌四周也有起线镶边，称为"字镶边"。在大镶边之上再用一组仰浑、束编细、托浑等线脚进行装饰，其上承上枋。上枋的样式与下枋相同，其下还开槽设置挂落，两端则悬"荷花柱"，柱上部前置"隐脊"，旁插"挂芽"，下端则雕成荷花或花篮状。荷花柱上端连于枋上的"定盘枋"，定盘枋为扁方形，在荷花柱处绕柱头凸出，称为"将板枋"。再往上则是依据装饰的需要而做成的三飞砖墙门或牌科墙门了。

三飞砖墙门是在定盘枋正面，上留五寸左右的空宕，较枋面稍进，其上置二皮浑砖和一皮方板砖，并逐层出挑，即为"三飞砖"，侧面用"靴头砖"封护。三飞砖上再架桁、椽，设屋面，侧面山花处则镶贴砖博风。三飞砖墙门也有一种"水作三飞砖墙门"，相对简单，即不用水磨砖而以砖砌粉刷，再用纸筋塑出字牌和上、下枋及各部分的线脚，并且省略了荷花柱、隐脊、挂芽、挂落等饰物（图 5-3-19）。

牌科墙门是在定盘枋上用砖细牌科，牌科可以根据需要随意选用一斗三升、一斗六升、桁间牌科或丁字牌科。牌科之上的屋面，如果使用硬山的则与三飞砖式的相同，若使用歇山的，其发戗泼水较少，檐口因砖挑出过长容易折断而出挑不大，其余做法则与木构相似（图 5-3-20）。

图 5-3-19 三飞砖墙门

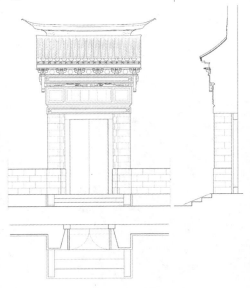

图 5-3-20 牌科墙门

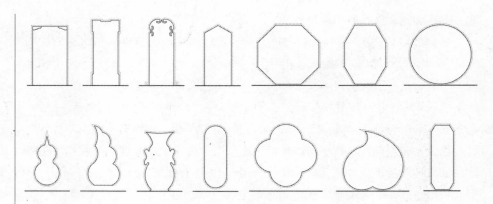

图 5-3-21　各式地穴

（二）地穴与门景

　　苏州一些较大的府宅常带有花园，若花园较大，人们还常用园墙进行分隔，以丰富空间，为便于出入则会在墙面上开设地穴或门景。

　　地穴就是指园墙之上所辟的门宕，而不装门扇。其形式有很多，常见的有圆、六角、八角、椭圆、长方、长八角、执圭、汉瓶、葫芦、秋叶、莲瓣、海棠等诸多样式（图 5-3-21）。对于圆形地穴，也常被称为"月洞门"。地穴的处理主要是在墙体上留出相应的门洞后，用水磨方砖予以镶砌，其宽度突出墙面一寸左右，侧面起简洁的线饰（图 5-3-22）。为了保证安装的牢固，有时在方砖的背面还需开凿出燕尾槽，然后用带燕尾榫的木条插入槽中，并将木条的端头砌入墙体内。

　　门景是指满嵌做细清水砖的门户框宕。门景与地穴相似，其上端或方、或圆、或联回纹作纹头、或联数圆为曲弧，样式不一，形式众多（图 5-3-23）。如用回纹的，称为贡式门景。门景起线、边缘更为华丽，常用亚面与浑面进行组合，以比例和谐美观为原则，形成多变的造型。

图 5-3-22　地穴的处理（左）
图 5-3-23　水磨砖门圈（右）

四、月洞与漏窗

为了让人在宅园中能产生步移景异和隔窗见景的游赏效果，除了在墙面上开设地穴或门景外，往往还在墙面上设置漏窗及月洞。

月洞是墙面开设的空洞而不用窗扇，如今常被称为"景窗"。月洞的样式也非常多样，有方、圆、六角、八角、横长、直长、扇形、菱花、海棠、如意、葫芦等形式（图5-3-24）。其做法与地穴相似，也是以水磨方砖镶砌在窗宕内侧，砖边起线作为装饰。月洞的大小、高度一般没有具体的规定，需根据与整个墙面的比例关系以及人的视点来确定。

漏窗有时也被称为花窗，形式多样，有方、直长、圆、六角、八角、扇形及多种不规则形状（图5-3-25），但以方、横长为多，且通常不用清水砖细。漏窗的边缘较简单，一般就做两道线脚，中间则用砖、瓦、木条以及铁骨纸筋堆塑做出各种装饰纹样，其样式繁多，不下百余种。构图可分为三类：几何形体、自然形体，以及混合形体。

几何形体是由直线、曲线相互组合而成。以直线为主的纹样有万字、定胜、六角锦、菱花、书条、绦环、冰纹等（图5-3-26）；以曲线为主构成的纹样有鱼鳞、球纹、秋叶、海棠、葵花、如意、波纹等（图5-3-27）；此外还有不少将直线与圆弧组合而成的纹样，如夔纹、万字海棠、六角穿梅、各式灯景等。早期的几何纹漏窗图案形式并不太多，都是用望砖及不同尺寸的筒瓦、板瓦拼斗而成，其表面或刷黑，或保持砖瓦本色。后来改用木条、铁丝为骨，外粉纸筋制作，漏窗的纹样变化就大大增加了，这主要得益于木条、铁丝的长短、样式的可塑性大大增强了（图5-3-28）。

早期的自然形漏窗的制作是以木片、竹筋为骨架，外用纸筋堆塑而成，后来改用铁片、铁丝为骨架，再在其上进行堆塑，使得漏窗更为坚固，花式也更加多样。自然形体的漏窗通常会选用传统的装饰图案，如松柏、梅花、牡丹、芭蕉、石榴、佛手、桃等花木纹样；狮虎、鸟雀、蝙蝠、松鹤、柏鹿等鸟兽造型；还加上小说传奇、佛教故事、戏曲场景等人物图案，生动多变（图5-3-29）。

图5-3-24 各式月洞

图5-3-25 各式漏窗

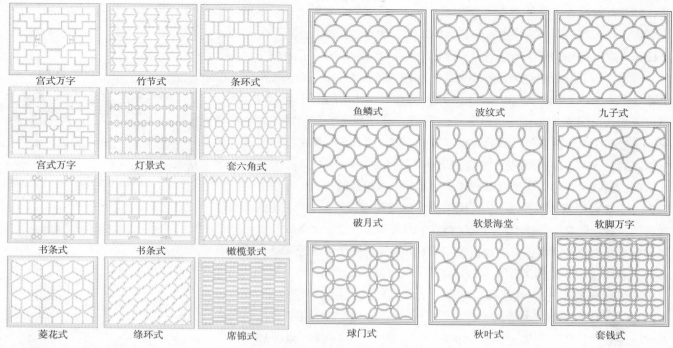

图 5-3-26 直线为主纹样的漏窗

（左侧图下方标注）宫式万字　竹节式　条环式　宫式万字　灯景式　套六角式　书条式　书条式　橄榄景式　菱花式　绦环式　席锦式

图 5-3-27 曲线为主纹样的漏窗

（右侧图下方标注）鱼鳞式　波纹式　九子式　破月式　软景海堂　软脚万字　球门式　秋叶式　套钱式

图 5-3-28 几何纹漏窗图案（左）
图 5-3-29 自然形漏窗图案（右）

　　混合形体的漏窗就是将几何形体和自然形体的纹样图案结合在一起使用，更加丰富了漏窗的花式。

第四节　屋面

　　屋面工程也属于泥水作，或称砖瓦作，一般是指建筑桁椽以上部分的施工，包括铺望砖、铺望板、覆瓦和筑脊等。但在传统建筑施工的工种分工时钉望板仍归木工，而铺望砖及覆瓦、筑脊则属水作瓦工。苏式建筑的屋面施工因建筑等级的不同其做法也存在一定的差异。

一、屋面种类

（一）屋面形式

　　我国传统建筑的屋面形式丰富多样，造型多变，但常见的基本形式也就是硬山顶、悬山顶、歇山顶、庑殿顶、攒尖顶和平顶，其中平顶是不用瓦覆盖的。

硬山顶是中国传统建筑双坡屋顶形式之一，最大的特点就是两侧的山墙把檩头全部包封住，同屋面齐平或略高出屋面（图5-4-1）。硬山顶建筑等级最低，低于悬山顶、歇山顶、庑殿顶。

悬山顶又称为挑山或出山，也是两坡屋顶的一种形式，在中国一般建筑中是最常见的形式之一，其特点是木檩露出山墙之外，屋檐悬伸至山墙以外（图5-4-2）。悬山顶一般有一条正脊和四条竖带，也有无正脊的卷棚悬山。悬山顶在规格上次于庑殿顶和歇山顶，但高于硬山顶。

歇山顶共有九条屋脊，即一条正脊、四条竖带和四条戗脊，因此又称九脊殿、九脊顶（图5-4-3）。其上半部分为悬山顶或硬山顶的样式，而下半部分则为庑殿顶的样式。歇山顶屋脊上有各种脊兽装饰，其中正脊上有吻兽或望兽，竖带上有垂兽，戗脊上有戗兽和仙人走兽，其数量和用法都是有严格等级限制的。歇山顶分单檐和重檐两种，其中单檐歇山顶等级低于单檐庑殿顶，重檐歇山顶则高于单檐庑殿顶，低于重檐庑殿顶。歇山顶除基本样式外，还演变出四面歇山顶、卷棚歇山顶等形式。

庑殿顶在中国是各屋顶样式中等级最高的，其四面斜坡，有一条正脊和四条竖带，屋面稍有弧度，又称四阿顶、五脊殿、四大坡等，苏地称为四合舍（图5-4-4）。庑殿顶又有单檐庑殿顶和重檐庑殿顶之分，其中重檐庑殿顶是所有殿顶中的最高等级。

攒尖顶在宋朝时称"撮尖"、"斗尖"，清朝时称"攒尖"，其特点是没有正脊，屋顶为锥形，顶部集中于宝顶一点，常用于亭、榭、阁和塔等建筑（图5-4-5）。攒尖顶有单檐、重檐之分，按形状又可分为角式攒尖和圆形攒尖，其中圆形攒尖是没有垂脊的，而角式攒尖顶则有同其角数相同的垂脊，如四角攒尖顶、六角攒尖顶、八角攒尖顶等。

（二）屋面类型

建筑屋面根据所用瓦的不同，可以分为筒瓦屋面、小青瓦屋面和琉璃瓦屋面几种，根据建筑等级与工序做法又可以分为殿庭屋面、厅堂屋面和平房屋面。

筒瓦屋面是指用弧形片状的板瓦作底瓦，半圆形的筒瓦作盖瓦的瓦面做法。筒瓦屋面通常用于殿庭、庙宇等高等级建筑，也有用于部分厅堂、平房、照壁等建筑，以及园林中的亭、廊、塔等的。不过规格使用上皆有限制，越低等级的建筑所用规格越小，如殿庭用24cm×24cm的斜沟瓦作底瓦、用29.5cm×16cm的筒瓦作盖筒；厅堂用20cm×20cm的斜沟瓦作底瓦、用28cm×14cm的筒瓦作盖筒；平房用20cm×20cm的斜沟瓦作底瓦、用

图5-4-1　硬山顶建筑

图5-4-2　悬山顶建筑

图5-4-3　歇山顶建筑

图5-4-4　庑殿顶建筑

图5-4-5　攒尖顶建筑

22cm×12cm 的筒瓦作盖筒。筒瓦屋面处理有清水和混水两种做法，清水就是传统的"捉节夹垄"做法，即用灰把底瓦垄与盖瓦垄之间抹严的"夹垄"和用灰把每块筒瓦的接缝处用灰勾严的"捉节"，"捉节夹垄"完成后，把屋面清理干净即可；混水也就是近代出现的"裹垄"做法，即在筒瓦的外表面先用黄砂、白灰加适量纸筋灰打底，再用掺入适量黑水的纸筋灰光面层，待干后再用加入牛皮胶或骨胶的黑水涂刷两遍即成。混水做法不如清水的瓦垄清秀，不过却能改善因筒瓦质量不好造成的瓦垄不顺的问题。此外，还有一种综合了清水、混水两者的做法——"半捉半裹"，既能保持"捉节夹垄"的风格，又能弥补筒瓦的参差不齐，初期主要是作修缮之用。

小青瓦屋面在苏州地区的古建筑中占有极大的比例，有相当的殿庭建筑也用小青瓦屋面。小青瓦有大瓦、小瓦之分，大瓦是底瓦，小瓦是盖瓦。大瓦尺寸为 20cm×20cm，小瓦尺寸为 18cm×18cm 和 16cm×16cm，不过殿庭屋面会用 24cm×24cm 的斜沟瓦作底瓦，用 20cm×20cm 的小青瓦作盖瓦配合使用。小青瓦屋面有铺灰与不铺灰两种做法，不铺灰者，是将底瓦直接摆在木椽上，然后再把盖瓦直接摆放在底瓦垄间，其间不放任何灰泥，这种做法较少使用，苏地多为铺灰做法。各种屋面的小青瓦铺设做法大同小异，最主要的是要防止小青瓦向下滑移掉落。

琉璃瓦屋面在苏州地区的传统建筑中主要用于文庙、寺庙、道观等处，民居建筑极少采用。琉璃瓦是表面施釉的瓦，其规格大小有多个尺寸，与筒瓦一样，等级越高的建筑所用琉璃瓦规格越大，不得逾越。如清代就规定只有皇宫和庙宇才能用黄色琉璃瓦或黄剪边，亲王、世子、郡王只能用绿色琉璃瓦或绿剪边，而离宫别馆、皇家园林的建筑可用黑、蓝、紫、翡翠等颜色或由各色琉璃瓦组成的"琉璃集锦"屋面。琉璃瓦屋面有削割瓦做法、琉璃剪边做法、琉璃聚锦做法等方式。

二、施工工序

（一）殿庭屋面（图 5-4-6）

殿庭类建筑等级最高，因而屋面铺设要求也相对较高（图 5-4-7）。在其椽子之上通常都钉设厚为六到八分（约 15~20mm）的长条木板作为望板，望板密铺并牢固钉在椽子上，望板之间多为平缝相接，讲究的为了避免在上面铺灰砂时渗下产生污染也有用高低缝的。简陋些的殿庭建筑也有不铺望板而在椽子上

四合舍侧面

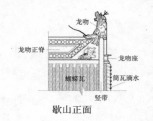

歇山正面

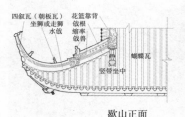

歇山侧面

歇山正面

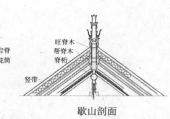

歇山剖面

歇山侧面

图 5-4-6 殿庭 屋面

图 5-4-7 殿庭屋面实例

铺设望砖的，但较少见。因殿庭建筑尺度较大，其望砖的尺寸为长八寸一，阔五寸三，厚八分（约 225mm×150mm×20mm），较厅堂所用望砖要大。

望板或望砖铺设完成后，在其之上遍铺灰砂，灰砂主要由石灰与湖砂按二比一的比例拌合而成，有时还掺入适量的纸脚以防止灰砂干后开裂。灰砂在檐口处厚度最薄，约两寸半（约 80mm），越往上越厚，到了屋脊处可厚达一尺二寸左右（约 330mm），并且灰砂层还要顺提栈的起势抹成连续的柔和曲面。施工时灰砂层要自上而下压抹光平，并不能有断续的平面出现，因此在铺屋面中部的灰砂时，要注意椽子中间部位稍薄，椽子与椽子交接处略厚。较为讲究的灰砂铺设做法是分两层进行铺筑，这种做法更为复杂，增加了两道工序，却能大大提高屋面的防水性能。其下层先铺设厚约一寸（约 30mm）并掺入纸脚的灰砂，该层因厚度不大并有纸脚纤维的拉结，从而保证了不容易发生开裂，同时形成一道防水层，对望板起到很好的保护作用。待下层灰砂七八成干后，再刷灰浆、抹平，最后再铺一层纯灰砂。

灰砂层铺筑好后就进行屋面瓦件的铺设。屋面铺瓦之"底瓦"仰置相叠，两底瓦之上覆"盖瓦"。殿庭建筑的盖瓦可用筒瓦，也可用板瓦，用筒瓦者更为考究，在底瓦的两侧还要填入"柴龙"或"人字木"，以保证铺瓦的平整及稳定。盖瓦的一列称为"一楞"，两楞的间距称为"豁"，屋面瓦的楞数的多少要根据建筑的开间及盖瓦的大小确定。铺设时，一般正中一楞盖瓦的轴线与建筑的轴线重合，称盖瓦坐中，然后往两侧铺设。此外，歇山顶的竖带须压住一楞盖瓦的半边，竖带的外侧用"排山滴水"；而四合舍的正面要求其正脊与斜脊的正面交为一楞盖瓦轴线的延长线，其山面则以底瓦坐中。由于众多因素的制约，因此瓦楞的间距需经过计算、调整，这样才能保证瓦楞的均匀排布。屋面为板瓦时，底瓦须大头朝上，盖瓦则大头朝下。瓦与瓦之间的相互叠压有"压五露五"之说，即叠压部分不得小于半块瓦的长度，在叠压处可以不用灰浆，也可以用薄灰浆进行勾缝。如用筒瓦，在苏地其表面大多要予以粉面处理。到檐口处底瓦用"滴水瓦"，该瓦下端连有下垂的尖圆状的瓦片，便于滴水。盖瓦的话，板瓦用"花边"，该瓦下端连有两寸左右下垂的边缘，可以封护瓦端空隙；筒瓦则用"钩头瓦"，其瓦端被做成一圆形装饰（图 5-4-8）。

（二）厅堂、平房屋面

厅堂类建筑只有嫩戗发戗的屋角使用望板，除此之外，厅堂建筑包括其屋角外的部分，都与平房一样，都在椽子之上铺设望砖，它们所用的望砖尺寸都较殿庭要小。厅堂所用望砖尺寸为长七寸半，阔四寸六，厚五分（约 210mm×125mm×15mm）；平房所用望砖的尺寸则更小，为长七寸二，宽四寸二，厚五分（约 200mm×115mm×15mm）。而且望砖铺设时其四周边缘都需用薄灰浆进行勾缝处理，以防止屋面发生渗漏。

厅堂与平房建筑在望砖铺筑好之后，仅在其上铺一层灰砂，同殿庭建筑一样，其厚度也是檐口处薄、屋脊处厚，只是变化没有殿庭那么大，其在檐口处厚约二寸半（约 70mm），屋脊处厚约七八寸（约 100mm）。同样，铺灰时也要和殿庭一样，由上到下顺势抹光压平，并做出柔和的曲面。

与殿庭不同，厅堂和平房的底瓦固定不用人字木，而是用柴龙或是石灰与黏土按 1：2、1：3 的比例拌合的灰泥。铺瓦时同殿庭一样，也是以盖瓦坐中。

图 5-4-8　筒瓦与板瓦屋面

硬山建筑的边楞使用盖瓦，其外缘的下部需留出半路瓦沟宽的底瓦；歇山建筑或是使用屏风墙的建筑，其竖带之下或屏风墙要压住半楞盖瓦。依据以上要求调整瓦楞间的距离，以保证屋面布瓦均匀齐整。厅堂和平房屋面上瓦的叠压较殿庭为多，通常达到70%，也就是所谓的"压七露三"。此外，厅堂和平房屋面上瓦与瓦之间可不用勾灰而直接叠压，这样便于日后有瓦片损坏时，可以不用添置新瓦片，而是通过调整叠压比例来修复屋面。

此外，无论殿庭、厅堂或平房，为保证瓦楞的平齐，在铺瓦时都需要先在铺筑好的灰砂面上弹线，并且铺瓦时还需要拉线。铺设时从建筑中轴线开始，都是自下而上进行铺设，先铺两列底瓦，再上覆盖瓦一列，然后再向两侧推进，一路底瓦，一路盖瓦地铺设。另外，为保证檐口平齐，还要控制滴水与花边伸出的尺寸须一致。

三、屋脊类型及做法

屋脊为两屋面的相交之处，用砖瓦砌出屋脊即为"筑脊"，也就是在两屋面的相交之处砌出一条高出屋面的矮墙。在苏式建筑中因屋脊的位置不同分为正脊、竖带、水戗、赶宕脊等。"正脊"为前后屋面交接处；"竖带"为前后屋面与山花相交处；四合舍正脊下两坡屋面相交处的斜脊也称竖带，到老戗根部位置降低为"水戗"。园林建筑使用歇山顶时，其檐口以上正面的屋面与侧面的屋面接合处一般都在老戗、嫩戗之上，故其斜脊也称水戗。此外，在歇山顶山花之下与山面的屋面相接处还要做一条"赶宕脊"。

筑脊所用瓦件在厅堂、平房一般仅有筒瓦、蝴蝶瓦及望砖等，而等级更高的殿庭建筑筑脊所用的则名目繁多，如龙吻、天王、坐狮、走狮、檐人、筒瓦、通脊等（图5-4-9）。

（一）正脊

殿庭建筑等级高，脊饰也复杂精美，其正脊的两端安有龙吻或鱼龙吻，称"龙吻脊"（图5-4-10），中间的龙腰多为设置有团龙花饰或其他花饰（图

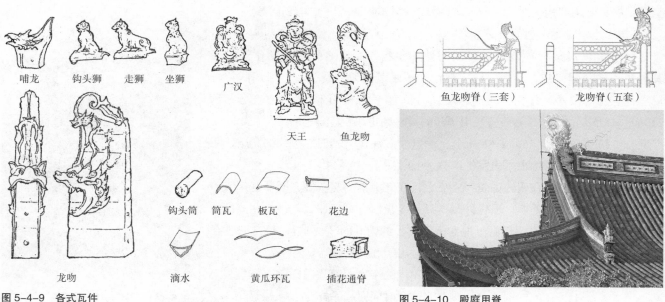

哺龙　钩头狮　走狮　坐狮　　广汉　　天王　鱼龙吻　　鱼龙吻脊（三套）　龙吻脊（五套）

龙吻　　钩头筒　筒瓦　板瓦　花边

滴水　黄瓜环瓦　插花通脊

图5-4-9　各式瓦件

图5-4-10　殿庭用脊

5-4-11）。龙吻有大小差别，可以根据建筑开间的不同来选用，分为五套、七套、九套、十三套等，相应的正脊就称为五套龙吻脊、七套龙吻脊、九套龙吻脊等。正脊的高低并没有定制，主要应使脊高能与建筑的比例相协调，可根据龙吻的不同及叠砌的方法进行适当调整。通常三开间的殿庭用五套龙吻，脊高三尺半到四尺（约1000~1100mm）；五开间的用七套龙吻，脊高四尺至四

图 5-4-11 龙腰花饰

尺半（约 1100~1250mm）；七开间的用九套龙吻，脊高四尺半至五尺（约 1250~1370mm）；九开间的用十三套龙吻，脊高大于五尺。龙吻之内需用硬木插入，下端则以榫卯固定在帮脊木上，同时也要用"旺脊木"或铁条贯穿与正脊固定。龙吻脊构造基本相似，只瓦条、亮花筒、字碑根据屋脊的大小取舍增减。以九套龙吻为例介绍脊的构造，其自下而上分别为"滚筒"高七寸、"二路线"约三寸、"三寸宕"三寸、"亮花筒"七寸、"字碑"约一尺四寸、"亮花筒"七寸、"三寸宕"三寸、"一路瓦条"一寸、"盖筒"四至五寸，总高约五尺（约1370mm）。滚筒用大毛筒做成，直接砌在脊顶的盖瓦上，不做攀脊，以使下部与底瓦间留空，可减少风荷载的影响。滚筒上二路线用望砖砌出，再上以七两砖出三寸宕，较望砖略收进，或用通脊以减轻荷载。亮花筒上下夹以略微突出的望砖，形成装饰线脚，中间则用五寸筒瓦对合砌成金钱、定胜等纹样，连续周绕，具有很好的装饰效果，同时也能减小风压，提高稳定性。字碑用方砖镶砌，可分为数段，也可用水作塑出。屋脊最上面为盖筒，是用七寸筒瓦覆于一路瓦条之上，并在筒瓦外包裹纸筋。

厅堂、平房的正脊两端也有脊饰，如小型寺观正厅的脊饰用"哺龙"；厅堂的为"哺鸡"；平房用"纹头"、"雌毛"、"甘蔗"等；杂屋的则为"游脊"（图5-4-12）。硬山筑脊先要在前后屋面合角处筑"攀脊"，脊高出盖瓦二至三寸，攀脊两端覆花边瓦，称之为"老瓦头"，瓦端挑出墙外与下面的勒脚平齐。哺龙、哺鸡等脊是在攀脊之上再用五寸或七寸筒瓦拼合组砌为滚筒；纹头、雌毛诸脊常用"钩子头"，即不用滚筒而是将两端的攀脊砌高，形成脊端翘起中间微凹的形状。滚筒或钩子头之上再用望砖凹凸砌出一或二路线脚，即所谓的"瓦条线"，若用二路线，则当中内凹处称"交子缝"。哺龙与哺鸡脊的脊饰置于以瓦设的"坐盘砖"之上，坐盘砖则安于瓦条之上。哺龙与哺鸡脊的脊饰头朝外，

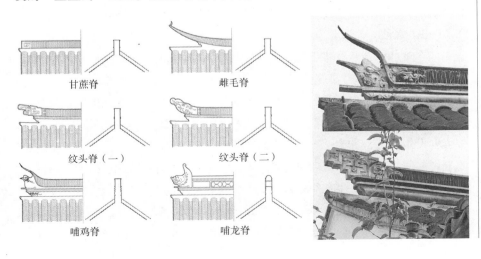

甘蔗脊　　　　　　　雌毛脊

纹头脊（一）　　　　纹头脊（二）

哺鸡脊　　　　　　　哺龙脊

图 5-4-12 厅堂、平房用脊

图 5-4-13　竖带

后部用铁片弯曲，外加堆塑，做成翘起的尾部。纹头、雌毛诸脊直接将脊饰做在瓦条上，省却了坐盘砖。各种脊饰既有用黏土烧制而成的，也有筑脊时现场堆塑出的。前者坚固耐用，后者则活泼而富有变化。两脊饰之间以瓦竖立密排，其上再铺望砖一层，最后需刷上"盖头灰"以防雨水。杂屋所用的游脊，形式相当简陋，只需将瓦片倾斜排于屋脊处即成。

园林建筑为了体现其更注重的观赏性和轻盈感，常不做正脊而以"回顶"的形式替代，即在前后屋面交接处覆以"黄瓜环瓦"，该瓦呈双曲面形，也分盖瓦和底瓦，瓦楞及瓦沟绕脊兜通，使脊在正立面上呈现出凹凸起伏状。

（二）竖带

竖带在四合舍、歇山、硬山以及部分园林建筑的屋面都有存在，只是在构造、做法上各稍有不同（图 5-4-13）。

四合舍的竖带位于相邻两屋面的交接处，其上端位于正脊的龙吻下，顶部与正脊平齐，依屋面斜度顺势而下，下端至老戗根处结束。竖带也是用砖瓦叠砌而成，以九套龙吻为例，其构造自下至上分别为脊座、滚筒、二路线、三寸宕、二路线、亮花筒、瓦条、盖筒。滚筒位置做"吞头"，吞头形象要根据建筑的性质选用，包括龙吻、狮吻、象吻等多种形式。吞头之上在三寸宕的端部作回纹花饰，称为"缩率"。三寸宕以上做"花篮靠背"，置"天王"。而从吞头处向下伸展的斜脊则为水戗。四合舍竖带斜向的高度约为三尺，不过还需根据屋面的提栈来调整瓦条、空宕间的尺寸。

歇山顶的竖带自正脊龙吻下沿屋面直下，宽度为两楞瓦的距离。其内缘落在最边一路盖瓦的正中，与四合舍一样，其顶面与正脊平齐，构造也与四合舍相同，上端与正脊龙吻之下相接，下端过老戗根，上置花篮靠背，坐天王。竖带的外侧为"排山滴水"，即将钩头筒瓦、滴水瓦横排于博风板之上；至山尖当中则为钩头瓦，其上为正吻座。

硬山殿庭也做竖带，其上部形制构造做法皆与歇山相同，下端则结束于步柱之上，其上也有天王、靠背等饰物，但外侧不用排山滴水。

用落翼的园林建筑也有竖带，但其构造较殿庭简单很多。其下部为脊座，坐于山花旁的两列盖瓦之上，轴线与瓦沟中线重合，其宽与豁同，高出屋面盖瓦二至三寸。脊座上置滚筒、二路线与盖筒，总高仅一尺左右。有竖带的园林建筑常不用正脊，一般是竖带兜通屋脊前后，少数使用正脊的，其脊饰也退在竖带之内，且留出一定距离。竖带的两端皆至老戗根为止，转折后即为水戗。

（三）水戗

四合舍的水戗从竖带下端的吞头中伸出，其构造为下部是戗座，其上砌出滚筒、二路线和盖筒，高度为竖带的三分之一左右。水戗顺老嫩戗的曲势前伸，在屋角端部逐层挑出、上翘，脊头在摘檐板的合角处，两侧滴水之上置五寸筒瓦，称"老鼠瓦"，与水戗垂直，并用"拐子钉"钉在嫩戗尖上固定。其上于戗座位置安设钩头瓦，称为"御猫瓦"或"蟹脐瓦"。再上面为"太监瓦"，即将滚筒端做成葫芦状曲线。最后将瓦条、盖筒顺势上翘、逐皮挑出，称为"四叙瓦"或"朝板瓦"。盖筒的前端逐渐收小，并以钩头筒瓦收头，其上立"钩头狮"。水戗背也设有走狮、坐狮等装饰，数量成单，通常为三个或五个，根据戗的长度来确定（图 5-4-14）。水戗"泼水"自嫩戗尖到钩头狮的斜长同界深，或根

图 5-4-14　戗角

据具体情况适当缩减,角度为与垂直线成25°角。

歇山顶的水戗位于歇山顶的角梁之上,其前端的形式、做法皆与四合舍的完全相同,后部则不同,在竖带的花篮靠背之后与竖带成45°相接,交接处形式、做法及高度都同竖带一样,需做出脊座、滚筒、二路线、三寸宕、二路线、亮花筒、瓦条、盖筒等内容。此外,在距水戗根三四尺左右的地方饰吞头,上设花篮靠背,安置坐狮,并在花篮靠背之侧作有缩率装饰(图5-4-15)。

园林建筑的水戗构造与竖带相同,但戗端处通常装饰性更强,起翘更大。其在老戗根部位置沿相邻两屋面的合角处成45°角向前伸展,至戗端下部常用砖瓦做出各种形状的装饰,即所谓的"水戗发戗",这样既与园林建筑的特性相匹配,让屋面细部更富有变化,又使得戗脚翘起更高。上面的形式与做法和殿庭水戗相似,也是安设太监瓦、四叙瓦、钩头筒瓦等。有时为了使装饰效果更强更好,会以铁条顺势圆转向戗背弯曲,并用纸筋塑出卷草等装饰图案来替代在盖筒前端的钩头筒瓦(图5-4-16)。

图5-4-15　吞头

（四）赶宕脊

赶宕脊位于歇山顶的侧面落翼根部以及重檐建筑下层屋面上部,通常为大殿、塔式建筑、楼层式建筑所用。歇山的赶宕脊两端与水戗根相接,脊顶与戗根的上缘平齐,其构造与建筑竖带相似,脊的中央向内凹进作"八字宕",并隐入博风板中。而重檐建筑其上层筑脊与单檐的相同,下层则在出承椽枋尺许位置处设绕屋兜通的赶宕脊,高约二尺(约550mm),四角与下檐的水戗根相接,其上下构造为脊座、滚筒、二路线、亮花筒、瓦条、盖筒等。四面的脊的中央都做八字宕。

第五节　砖细

砖细和砖是不相同的两个概念。砖细也可称之为"细砖",是指将品质较好的砖进行锯、截、刨、磨等细致加工后生成的物品,苏地谓之"做细清水砖"。在我国古代建筑中,常被用来做室内外的装饰装潢材料,以及园林等建筑物的艺术处理等。

图5-4-16　园林建筑的戗角

一、砖细材料

做砖细必须用品质较好的砖,这就需要有两个条件:好窑和好土,当然还须有好的制砖者。窑须是大窑,土多用"铁硝黄泥",即含铁量较高的土壤。苏地用作砖细的必须是大窑产的质地上乘的青砖,其色泽光亮清润,小窑产的砖则色青暗且脆硬,既不太美观,加工时还易破损。此外,还需注意要选用表面平整、砖泥均匀,且砖上空隙少者。

二、制砖工序

由于做细清水砖较砌墙所用的砖更为精细美观,因此整个制砖工序从沥浆、制坯、焙烧到成型,都有更为严格的要求。

沥浆就是将硬质的泥块加水后打成泥浆,并进行过滤,目的是保证制砖泥浆的细腻和均质。过滤时先过一道较粗的滤筛,再过一道较细的滤筛,过滤后

图 5-5-1　砖细运用

的泥浆放入"停放池"，待数月后泥浆结成泥块后取出，垒放夯实，并用牛皮纸封好待用。

待泥块封存四个月以上充分"熟透"后，即可进行制坯环节。首先将熟泥在木桶中夯实为泥墩子，木桶规格形状以所做砖坯为样稍作放大、约二寸左右，然后用弓将泥从泥墩子上取下放入泥坯模夯实，并进行修面，然后从坯模中取出即成泥坯。将泥坯放置在干燥房内的停坯条上进行脱水干燥，时间长达数月，期间要注意控制温度和湿度，并注意翻动，以防止开裂、受冻和弯翘等。等泥坯基本脱水后将其叠放，直至完全干燥。

等泥坯完全干燥后就可以将其装窑焙烧。要先文火再大火，烧完后还要闷窑，然后还要还水，使红色的高价铁还原成青灰色的低价铁，同时加速冷却，最后开炉降温取出细砖。整个过程中各步骤的时间长短均需根据经验和实际状况确定。

从窑中取出的细砖为生料，需要进行打磨、切边，以定型。成型的细砖在存放、运输等过程中要注意保护，避免棱角等处受损。

三、砖细运用

砖细作为传统建筑中重要的实用及装饰材料，使用非常广泛，可以用于平面处理、线面处理，以及混合处理。常见的被用于室内外铺地、墙的勒脚及护墙、门楼、墙门、垛头、包檐墙的抛枋、门景、地穴、月洞、栏杆等（图5-5-1）。具体在各相关章节叙述。

四、砖细线脚

砖细线脚通常为砖刨推出，需用上好青砖为材料，线脚断面因砖刨刨口不同而不一样，可分为梱面、亚面、浑面、文武面、木角线、合桃线等。梱面的断面为中间微平而转角带圆；亚面的断面为下凹带圆形，转角微圆；浑面的断面为凸出的半圆形；文武面的断面是亚面和浑面结合在一起，形成类似"S"形；木角线断面在转角处以一小圆线形成凹线；合桃线的断面形如合桃壳，中间有小圆线，两侧连以圆线或是曲线。

砖细线脚的应用较为自由，可以随意组合，并没有定制，不过通常室外用较为结实粗壮者，以耐阳光和风雨的影响，室内因无风雨侵蚀，常做得更为精细。

五、砖细榫卯及施工做法

（一）砖细榫卯

砖细的应用，除了铺地外，一般都出现在建筑物的表面，为了能安全、牢固地安装在建筑物表面，通常情况下，需在砖与建筑物体之间采用一种连接结构，这种结构即所谓的榫卯结构，与木构件连接的榫卯结构类似。砖细榫卯连接有两种形式，一是平头接，一种是转角接。砖细的榫卯结构，可以是砖质的，也可以是木质或铁质的。由于木质的会腐朽，铁质的会锈蚀，因此如是做木质和铁质的接榫时，需使榫卯密封，以免腐烂、锈蚀。此外，砖细接榫不能暴露，在安装时要注意隐蔽，否则影响美观。

制作砖细榫卯的工具与木工使用的工具基本相同，在锯切砖细时要加水，避免过热损伤工具，另外由于砖的特性较硬脆，不似木质柔韧，加工时需要格外小心，以免爆裂。而且，在制作榫卯时，通常砖细已经成型，加工的平台应选用木质的，固定件也应用木扣和软绳，以免破坏砖面、砖棱及砖角。

（二）施工做法

榫卯做好后首先要进行试安装，这是因为砖细榫卯与木质榫卯不同，在安装时如不注意容易造成断裂，且不能像木质接榫那样，如有不准可以较为方便地矫正。而且，砖细榫卯连接构件通常较为小巧精细，所以尺寸与质量要求也更高，这样才能保证在安装时达到紧密、严实、美观、耐久的效果。试安装时要注意平起平放，避免翘裂，一旦发现误差，大了可适当削切，小了可用硬木材料填充加以修正。必要时还可以先制作样板以确定榫卯大小。

安装前要先检查砖细构件的尺寸规格是否符合设计要求，避免"角不对角，缝不对缝"，然后根据图纸对构件进行编号，并避免意外损伤。此外，还要准备好工具和辅助材料，如直尺、墨线、水平尺、线坠、软绳、吊篮、托板、脚手架等工具，以及灰砂、纸筋、水、麻丝、铁桩头、钻头等辅助材料。

砖细的安装在确认部位和构件规格尺寸后开始，一般有干摆、粘合两种做法。干摆就是不用粘合物，构件之间只用榫卯进行连接固定。粘合就是使用粘合物把榫卯同构件粘合固定。相对而言，干摆的做法对砖细的方正尺寸要求更高，施工时难度更大，但效果更好，显得更为整洁；粘合的方式因为有粘合物可作适当借凑，因而施工难度相对小些。目前，粘合法比较常用的是灌浆法。用粘合法，榫卯数量会相应减少，且会对粘合物有一定的依赖。因此，安装时就应防止粘合材料失效，保证每块砖同墙面之间有连接，提高与墙体之间的牢固程度。此外，在安装时，一定要经常查看，反复检验榫卯结构的准确性和牢固程度，这样才能真正保障砖细安装的严谨、紧密、美观和耐久。

第六节　砖雕

砖雕是我国一种古老的建筑装饰艺术，俗称"硬花活"，是用质地上乘的青砖经刨磨雕刻后用来装饰建筑的，是苏式建筑常用的修饰手段，苏地称之为"做细清水砖作"。砖雕可以在一块砖上进行，也可以由若干块砖组合起来进行，且通常都是先进行雕刻，然后再进行安装，安装采用磨砖对缝的形式予以敷贴，主要用于照壁表面、门楼、墙门、垛头、墙体的抛枋、博风、墙裙以及月洞门、景窗的框宕、坐栏的坐面等位置，有些讲究华丽的建筑甚至用清水砖砌筑后雕出柱础和牌科（图5-6-1）。

砖雕通常有三种手法，即平雕、浮雕（包括浅浮雕和高浮雕）及透雕。平

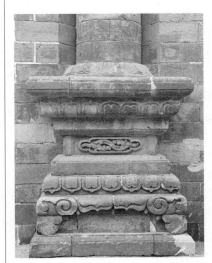

图5-6-1　砖雕（柱础）

雕就是图案在一个平面上，通过图案的线条给人以立体感。浮雕和透雕都可雕出立体形象，但浮雕的形象只能看到一部分。透雕最为形象、细致，工艺难度也最大，可以把图案雕成多层次，许多地方雕成镂空。

砖雕艺术不但包含着人类丰富的审美情趣和精神寄托，其生动细腻的特点也反映出中国建筑艺术注重生活情趣和贴近生活的特色。

一、砖雕工具

砖雕从雕刻纹样来看，接近于木雕，因而部分工具也与木雕工具相通，不过由于砖的质地比较脆硬，容易爆裂，且对金属有较强的磨蚀性，因而砖雕工具会尽量采用质地比较坚硬的金属材料来打造，如当蹄铁、铁锉料等。此外，砖雕还有一套专用的必备工具，如铁底刨、刨铁、兜方尺、寸凿、条凿、平凿、斜凿、三角凿、园凿、作刀、木碳棒（现用铅笔）、线枋、塞锯、拉弓、三花钻、锯子、木槌、砂轮、磨头等。

二、常用图案

砖雕主要用于民居，在水磨青砖上用工具可以雕刻出各种万字、回纹、云纹、雷文、如意、纹头、水浪、云头，以及人物、花草、鸟兽虫鱼、山水、神仙故事等组成的表示喜庆吉祥的图案。具体图案可根据主人喜好、建筑特色等进行选择，并无限定。只是雕刻深度有深浅之别，通常各种纹头雕刻较浅或作阴文，花卉多用浮雕，而人物鸟兽等则深刻而使其突出。

在主体砖雕的边缘还常以各种不同的线型进行修饰，以强化装饰效果。如照壁边框、墙裙上缘常以回纹、云纹之类修饰；抛枋、砖博风下缘则用托浑线、镶边线修饰；月洞门、景窗砖框宕的侧面则有多种不同的修饰线型，如梱面、亚面、浑面、文武面、木角线、合桃线等，从而形成了精美且富有变化的装饰效果。

在苏州民居中，厅堂斋馆的山墙与檐口交接处的垛头是砖雕装饰的主要部位，虽然面积不大，却显得富丽精巧，有极好的装饰点缀效果，其上用砖叠涩出挑，可做成三飞砖、壶细口、书卷、朝式或绞头等各种造型，中部为方形兜肚，上雕线框与简洁的装饰图案，其下则为多层装饰线脚。不过最为精致华美的砖饰还要数正厅前后的砖雕门楼，其造型有飞砖墙门和牌科墙门两种，也就是以叠涩出挑或斗栱出挑门楼屋面，给人以秀雅清新、细腻富丽之感。门楼的石门框两侧为由清水砖包贴的垛头，门框之上则由砖雕成的仿木垂花柱、枋、桁等（图5-6-2）。飞砖墙门较简洁，只在上枋之上作飞砖架屋面，而牌科墙门

图 5-6-2　砖雕墙门

112

较华丽，置砖雕斗栱然后挑出屋面，上枋和下枋之间为门额，字牌两侧多以各种题材的砖雕进行装饰，简单的仅以线框修饰，精美的则雕出花卉、山水、人物故事等（图5-6-3）。

图5-6-3　墙门上精美的砖雕

三、图案拓印

砖雕在雕刻前，需要把图案拓印到砖面上，这包括两个步骤，即绘稿和上样。

绘稿分为两种形式，一种是直接用笔在砖上画出雕刻图案，这种图案往往相对简单，另一种是在纸上勾画图案，然后再把纸贴在砖料上，通常比较复杂的图案用这种方式。

直接绘制的方式一般要先画好图案的轮廓，然后用细小的钻子沿画笔笔迹浅细地耕一遍，待镳出形象后再进一步画出细部图样，不能一次画完整的，可随画随雕，边画边雕。同时,注意画的时候要避开砖上的小气孔，以免影响效果。

在纸上绘稿的，先在纸上完成绘稿，然后将1∶1勾画好的图案上浆，贴在砖料上，也就是"上样"。如果是多块组合雕刻的图案纹样需先把砖组装好再贴样，图稿需一式二份，一份贴在砖料上，一份雕刻时参考。该方式也是先镳出轮廓形象后进一步刻画细部，一层一层地绘稿，一层一层地雕琢，并注意砖雕件的衔接和生根。

四、雕凿次序

民间砖雕的一般制作程序是选料、修砖、绘稿、上样、刻样、打坯、修光、修补打磨等。如砖质有砂眼，最后还需用猪血调砖灰修补，才算完成。

（一）选料与修砖

选料可以分两步，首先是根据雕件的大小规格来选定尺寸，然后选择砖的色泽，要做到色泽统一、无色差，这对组合拼装的作品更为重要。此外，还要看其是否质地均匀、细腻、密实，是否有气孔、杂物以及内裂纹等，还可以用硬木敲击听其声音是否清脆，最终选用"敲之有声、断之无孔"的高质量细砖。选好砖后最好进行修砖，即以砖蘸水按要求尺寸刨面、夹缝、兜方，使雕刻面与侧面垂直成90°，并保证雕刻面与侧面的平整。

（二）绘稿与刻样

绘稿可以直接用笔在砖面上绘，也可以在纸上绘出图样，再将纸上的图样贴在砖面上，也即所谓的上样。然后开始刻样，就是用小凿描刻出图案的轮廓，图案复杂的需分层绘稿和刻样，先整体再细部。

（三）打坯

第一层绘稿完成后就开始打坯，所谓打坯，其实就是造型，是把画面的基本轮廓、基本的深度打造准确，先凿出四周线脚，再凿主纹，然后凿底纹。

第一层打好后，先将第一层打过的砖面处理干净，检查第一层打凿的质量，然后进行第二层打坯。如果有第三、第四层面的作品，照上述方式进行，但要注意的是越到后面越要格外小心，以免把上层的造型破坏掉。

（四）修光

修光也称为"出细"，就是进一步细雕加工，也可以理解成打扮、修饰，是造型工艺的延伸。修光一般不用敲击，而用削切、细凿。修光也带有再创作的过程，是对打坯成果的修正、完善和调整，以使作品与设计图样更匹配或效果更好。

要注意的是，多块组合的砖雕作品，在单块雕刻时，其拼接处打好坯后不进行修光雕琢，而是待试组装后再统一雕刻。

（五）修补打磨

整个作品修光好以后，就进入下一步的工作——修补打磨了。如果发现比较小的破损，如砖雕的砂眼或"爆口"产生的小残缺，可用7分砖泥加3分生石灰调合成浆进行填补，也可用猪血调砖灰进行修补抹平。如有较大的破败处，就要用镶嵌方法进行砖补，镶嵌部分要保证有三面接点，并粘合牢固以免脱落。修补好之后，再用糙石进行最后细细的打磨，并用砖面水将图案抹擦干净，使砖雕作品光洁细腻。

（六）安装

雕刻完成后就可进行安装了。先将砖块浸水，背面用元宝榫或铁丝和装饰主体连接，校正雕刻件，再灌灰浆粘结，拼缝用油灰嵌补。待油灰缝干后，去除凸出部分的灰料，然后修补安装过程中出现的损坏，再次整体打磨即可完工。

第七节　水作

苏州还有一种称作"水作"的装饰，也称"堆塑"，是用普通的砖砌出大致的轮廓或用铁丝绑扎出一定的造型后，再用纸筋灰浆予以堆塑，制作出所需的图案造型。这是泥瓦工工艺中最为复杂、难度最大的一种装饰艺术，与雕刻有相似的效果。堆塑不仅细腻精美，有自身的特色，而且较砖雕大大降低了费用，其融入建筑，不光起到了美化的作用，还能反映出建筑的性质等级。

一、堆塑材料

堆塑所用材料主要为优质石灰膏、粗纸筋、细纸筋、灰浆、麻丝、铜丝或铁丝等；所使用的工具与一般抹灰相同。

二、堆塑运用

堆塑按其功能不同还可分为宗教泥塑、园林泥塑和民间泥塑。其中，宗教泥塑以宗教人物、故事为题材，以宣传宗教思想为目的；而更大量的是园林泥塑和民间泥塑，题材更广，表现手法更多样。

堆塑主要用于屋脊的脊饰、民居的博风、抛枋、垛头、花窗、园林建筑的山花等部位（图5-7-1），其多用吉祥图案、历史人物、神话传说等，结合亭台楼阁、树木花卉、飞禽走兽，并配以形形色色的花纹镶边，表达着各种吉祥的寓意，反映出人们对消灾、延寿、平安、富裕、美满生活的期盼和心愿。如"五福"题材，既可指"福、禄、寿、喜、财"，也可指"一曰寿，二曰富，三曰康宁，四曰筱好德，五曰考终命。"还有"三星高照"、"刘海戏金蟾"、"松鹤柏鹿"、"五

图 5-7-1　堆塑的运用

图 5-7-2　堆塑的图案

子登科"、"平升三级"、"五福拜寿"、"丹凤朝阳"、"和合二仙"、"麒麟送子"、"二十四孝"、"牛郎织女"、"天女散花"、"金鸡荷花"、"鹊梅"、"岁寒三友"、"游龙戏凤"、"狮子滚绣球"等（图 5-7-2）。

三、施工做法

堆塑的施工工序主要有扎骨架、刮草坯及细塑、压光等几道。

扎骨架是用钢筋、铁丝或木料、砖块，按图样绑扎或堆砌成所需造型的骨架，并要保证主骨架与屋脊或墙面等的牢固结合。

刮草坯是在骨架完成后，在骨架上用纸筋灰浆一层一层地堆塑出初步造型，所用的纸筋灰浆中的纸脚可粗一些，每次堆塑前必须将前次堆塑的纸筋灰浆层压实磨刮，待稍干后再进行下一层，每层堆塑厚度不超过 8mm，且每堆一层灰浆就需绕一层麻丝或铁丝，以避免草坯豁裂、脱壳。

草坯刮好后，需用铁皮条形溜子按设计图样精心细塑，通常分两次堆塑成活，此时的纸筋灰浆中的纸脚可细一些。塑造成型后就进入最后一道工序压光，该工序非常关键，是用黄杨木或牛骨制成的头如大拇指的条形溜子把堆塑造型表面压实抹光，直至没有溜子印，平整发亮为止，否则会影响堆塑的耐久性。

第六章　石作

尽管我国的传统建筑以木结构为特色，且受到不求建筑的永存的传统建筑观的影响，但是我国地大物博，各种石材也是种类繁多，而且良好的建筑用石稳定、坚固等特性，使得石材也成为另一种重要的建设材料（图6-1-1）。在我国古代，石材的应用除了营建桥梁、修筑牌坊以及大量用于建筑阶台、石柱础外，也出现过许多优秀的石构建筑，如在苏州地区至今还可以见到像镇湖万佛塔、天池山寂鉴寺石屋那样的全石构建筑，由此反映出当地石作的水平。

图 6-1-1　石材的建筑应用

第一节　石材

一、建筑石材

苏州地区所用的石料按石材性质主要有花岗岩、石灰岩、火成岩等几类。

花岗石的质地坚硬，不易风化，但石纹粗糙，不易雕刻，适于用作台基、阶沿、石栏、护岸、地面等，而不适用于高级石雕制品。苏州地区所用花岗岩主要有金山石和焦山石等。金山石产自苏州西郊诸山，其中以天平山北的金山开采时间最早，持续时间最长，金山石也因此而得名。金山石石性偏硬而稍脆，石纹细密，力学特性较佳，颜色为炒米色偏赭或带青，其中以"芝麻石"质量最佳，被视为上品，其间杂以少量小黑点（云母），加工后表面光泽明丽。金山石从明末清初开始开采以来被大量用作柱、枋、塘石、阶沿、鼓磴等构件（图6-1-2）。

焦山位于金山之南，焦山石与金山石相类似，也是以出产地得名。焦山石石性较金山石柔，因含长石较多，故石纹较粗，石中带有细小空隙，其色偏淡黄，内含小黑点也较密实。由于焦山石和金山石非常相似，对于一般人来说似乎并无不同，因此也常被当做金山石一样而广泛使用。

苏州地区常用的石灰岩主要是青石，在明末以前苏地各种石构件大多是用青石制作。青石纹理细腻，石色青灰。当时的青石一部分产自太湖洞庭西山，

图 6-1-2　金山石的应用

117

其余部分则由外地输入。洞庭西山出产的青石有微褐、微蓝、偏黑等细微差异，其中以偏黑的品质最佳。由于青石的力学性质较花岗岩差，因此自清初起，青石主要被用于诸如一些石栏、金刚座等有雕刻要求的石构件。

苏州地区所用火成岩主要是武康石，学名正长斑石，主要产于杭州西北的武康县。武康石质地松脆，较宜雕刻，但容易风化、碰伤，其颜色有浅灰、深灰和赭红几种。武康石在苏式建筑中主要使用于明代，而清初以后几乎不再使用。

在苏州地区除了上述几种建筑石料外，常见的还有绿豆石和汉白玉，它们主要被用于雕刻装饰。绿豆石色带草绿色，内杂绿豆状小砂粒，属于砂石的一种，其石质酥松，适宜雕刻，但不能承重，常被用于牌坊的花枋、字碑等。汉白玉为大理石中的上品，质地较软，纹理细腻，色泽白亮，适于雕刻，但其强度及耐风化、耐腐蚀的能力均较花岗岩弱。根据其质感的不同，可细分为"水白"、"旱白"、"雪花白"、"青白"四种。在宫廷建筑中多用于带雕刻石活的建筑石材，而在民间只用于室内的雕饰点缀，最多也仅用作金刚佛座。

二、假山石

假山顾名思义是人工堆起来的山，是模拟自然山水的艺术与技术结合的成果，主要材料是土和石，包括叠石山、置石、堆土山等几种。假山工艺是中国传统园林建筑工艺体系的重要组成部分，假山也是古代建筑石作重要的组成部分。苏州地区假山所用石料种类繁多，但以太湖石、黄石、青石、石笋等为主。

（一）太湖石

太湖石，又名窟窿石，是一种石灰岩，有水产、土产两种，形状各异，姿态万千，通灵剔透的太湖石，最能体现"皱、瘦、漏、透"之美，其色泽以白石为多，少有清而黑、微黑青、黄石等。太湖石原产于苏州太湖洞庭山，石质坚而脆，扣之有微声，经水冲击溶蚀后，形成缝、穴、洞等，轻巧、清秀、玲珑、剔透，是叠石掇山的首选之材，也是苏州地区最主要的假山石料（图6-1-3）。

（二）黄石

黄石是一种细砂岩，产地较多，苏州、常州、镇江及沿长江流域皆有出产。黄石质地坚韧，石色有暗红、褐、微褐黄、灰或浅黄等几种，且有一定的差异性。其质感雄浑沉实，立体感强，石形古拙顽劣，轮廓分明，见棱见角，节理面近乎垂直，可依纹理敲开。用其叠石具有强烈的体块感和投影效果，独有自然朴实的视觉感受，具有叠山横平竖直、层次交叉引退、山形起伏自然的特征（图6-1-4）。

（三）青石

一种青灰色细砂岩，产于北京西郊洪山口一带，石头呈片状，称"青云片"。其色有深灰、浅灰、灰黄色等，石质更适于雕刻，在苏州地区用于假山堆叠的不太多。

（四）昆山石

昆山石产于昆山市玉峰山，即马鞍山中。昆山石产于土中，天然多窍，色泽白如雪、黄似玉，晶莹剔透，形状无一相同，也被称为巧石或玲珑石。昆山石开采至今已有近千年的历史，但出产极少，通常只适宜点缀盆景，不用于假

图6-1-3 太湖石

图6-1-4 黄石

山堆叠。

（五）湖口石

湖口石产于江西九江，有数种，或产于水中，或产于水际，石理如刷丝，石色微润，扣之有声。其中一种色青，浑然成峰、峦、岩、壑或类诸物；一种扁薄嵌空，穿眼通透，犹如木版以利刃剜刻之状。

（六）房山石

房山石产于北京房山，属于花岗岩，具有坚固、耐风化的特点。此石白中透青，青中含白，扣之无共鸣声，由于其雄浑、厚重、沉实的特性，房山石因而在北方皇家园林中大量运用。

（七）英石

英石，又称英德石，属于石灰岩，产于广东省英德山间，玲珑剔透，千姿百态，具有"瘦、皱、漏、透"的特点。英石有黑、青灰、灰黑、浅绿等多色，以黝黑如漆为佳，石块常间杂白色方解石条纹。石质大多枯涩，坚而脆，佳者扣之有金石之声。英石一般正反面区分比较明显，正面凹凸多变，背面平坦无奇。英石分为阳石和阴石两大类，阳石裸露地面，长期风化，质地坚硬，色泽青苍，形体瘦削，表面多折皱，扣之声脆，适宜制作假山和盆景；阴石深埋地下，风化不足，质地松润，色泽青黛，有的间有白纹，形体漏透，造型雄奇，扣之声微，适宜独立成景。

（八）灵璧石

灵璧石又名磬石，产于安徽灵璧县浮磬山，是我国传统的观赏石之一。其石色漆黑如墨，也有灰黑、浅灰、赭绿等色；石质坚硬素雅，色泽美观；扣之有金石之声。灵璧石具有"三奇、五怪"的特征，三奇即色奇、声奇、质奇，五怪即瘦、透、漏、皱、丑。灵璧石可作观赏石或掇小景点缀，一般不作叠山大用。

（九）宣石

宣石又称宣城石，属于石英岩，主要产于安徽省南部宣城、宁国一带山区。该石质地细致坚硬、性脆，颜色有白、黄、灰黑等，以色白如玉为多。宣石大多有泥土积渍，须冲刷洗净，才显出洁白的石质，且越旧越白。该石稍带光泽，石表面棱角明显，有沟纹，皱纹细致多变，体态古朴，以山形见长，又间以杂色，似积雪覆于石上，最适宜作表现雪景的假山、也可作盆景的配石，以扬州个园冬山最为知名。

（十）砚山石

砚山石产于镇江城南大砚山一带，石形奇怪万状，小者全质，大者镌取相连处。其色黄者，清润而坚实，扣之有声；其色灰青者，石多穿眼相通，可掇假山。

（十一）散兵石

散兵石产于巢湖之南，因为汉张良楚歌散兵之处得名。其石质地坚硬，色泽青黑，形态万千，有皱纹，古拙似太湖石，也是用来叠山的石种之一。

（十二）石笋

石笋是长如竹笋的山石的总称，通常挺然尖锐，或三两面形佳，或四面皆具观赏性，或纹理如刷丝，隐起石面，或其上密布细小孔洞，扣之或有声，石

图 6-1-5　石笋

色多样，没有一定。主要有白果笋、乌炭笋、慧剑、钟乳石笋等（图 6-1-5）。

三、石材缺陷与挑选

石材作为天然材料，在其开采生产过程中会产生缺陷，也可能出现损伤，石材的这种缺陷和损伤可能对建筑的安全或外观造成不良影响，因此，必须对需要使用的石料进行必要的挑选，以避免问题的出现。

石材常见的缺陷主要有裂纹、隐残（石料内有裂痕）、纹理不顺、污点、夹线、石瑕、石铁等。

带有裂纹、隐残的石料肯定不能用作受力构件，用于看面也会影响外观效果，所以一般尽可能不用。如果裂纹或隐残不太明显，则可考虑用于不太受力、不太重要的隐蔽部位。

天然岩石在形成过程中会产生不同的纹理走向，而石材的开采也无法按人所需的理想纹理随意切割，所以石料就出现了顺纹、斜纹和横纹等纹理走向。顺纹的力学特性最好，能用于各种受力的地方。斜纹也称剪柳，如承受弯矩和剪力容易折断，横纹也称横活，最易折断，因此斜纹和横纹的石料不能悬空受压或悬挑，因而不能用于石枋等简支梁类构件或悬挑构件，也不宜用于石雕制品，可用作塘石、阶沿、鼓磴、铺地石板等。但如果横纹的纹理与构件长度方向垂直，则可用于仅承受轴向压力的柱类构件。

石瑕是指由于石料中夹杂有杂质，因此形成的斑疤空隙与细小干裂纹，带有石瑕的石料容易从石瑕处断裂，所以不能用作重要的受力构件，特别是中间悬空的受压构件或悬挑构件，否则会在承受弯矩和剪力时因应力集中而发生断裂。

石料污点和夹线会因其影响外观而被视为缺陷，因此不能用作重要的显眼的地方的装饰材料，尤其像青石上的白线、汉白玉上的红线等，反差大而易引人注目，所以须安排在侧面及背面等不受注意的地方，以免影响装饰效果。

石铁是石中杂质形成的坚硬斑块，较石料难以凿平磨光，且外观欠佳，其颜色发黑或发白。当所用石料含有石铁时，应尽可能安排在无须磨光的部位，尤需避开边棱和四角。

挑选石料首先应明确所做构件的受力情况和外观要求，根据要求挑选石材品种。同时，要了解各产地石料的品质和价格，再根据具体的使用要求作出选择。通常同种石材品质好的石料价格贵，因此，在重要部位，如受力较大的构件和外观要求高的构件或部位选择品质好的石材，在受力或外观要求不高的部位可以适当选用一些稍次的但不影响使用的石料，这样可以降低造价，提高经济性和性价比，当然在价格相同时必然要挑选缺陷最少的石料。

在具体挑选时第一步是肉眼观察，先将石料表面的各种附着物清除，对清除干净的石料认真查看，尽可能避免上述的各种缺陷。第二步要用铁锤上下击打，仔细倾听敲击之声，若发音清脆、当当作响，即为无缺陷之石；若声音沙哑有啪啦之声，则表明石料存在裂缝、隐残等缺陷。严冬时节不宜选石，因结冰会对敲击声产生影响，至少应先扫净冰凌，有可能的话最好等到气温稍高的时候再作挑选。因为光洁的石料纹理更为清晰，因此最好在石料的局部用砂石进行打磨，以便更好地察看石料的纹理。还有一点需要注意，石料纹理的走向应与构件的受力要求相匹配,如柱子、角柱等构件应选纹理垂直走向的石料(立碴),而阶沿、踏步、压面等构件,则要选用纹理水平走向的石料(卧碴)。

四、石料加工

(一)石料的各面名称

石料加工时,其大面叫"面",两侧的小面叫"肋",两端的小面则叫"头"。加工后,大面不露明的叫"底面"或"大底",露明部分统称"看面"或"好面",其中面积大的叫"大面",面积小的叫"小面"。石料不露明的"头"叫做"空头",露明的"头"则叫做"好头"。

(二)石料加工

刚从山上开采下来的石料一般都十分巨大,且呈不规则形态,需要在采石场进行切割并形成一定规格的石坯。因为各种石料中以矩形为多,故石坯也都以矩形为主。选择石坯的尺寸较加工后的石料稍大,由于其表面仍坑洼不平、棱角也歪斜不齐,所以对石坯必须进行进一步加工处理方能继续使用。

石材加工的第一道工序是"双细"或"出潭双细"。双细是在采石场剥凿高处,去除多余部分,令其大致平整;出潭双细则是将石坯运至石作工地再对其进行上述初步加工。出潭双细会较双细略微平整,此外差别在于双细是以规格成材加放余量来确定石坯尺寸的,而出潭双细则是根据石材在建筑中的具体位置及所要达到的表面质量要求加放加工余量的,该余量一般不应少于规格尺寸之外 2mm,其余它们的加工方法基本相同。

第二步是弹线找平。首先是选择一个较为平整的小面,在靠近要剥凿的大面处弹一条通长的直线,同时应注意弹线位置不要低于大面的最凹,以免增加打凿的工作量。如果小面全都凹凸不平,不宜弹线,则可先选择一个相对较平整的面,进行剥凿找平后再弹线。一面弹线完成后,再找出相对小面的两个端点,然后弹出在另三个面上的墨线,同时弹线时须注意四面的墨线应控制在一个平面上,这些线就成为大面找平的基准(图 6-1-6)。在石料加工过程中,往往会进行几次找平校准。

大面的剥凿加工先从小面的弹线处开始,先用蛮凿沿墨线凿去墨线以外多余的部分。再在大面的四边以墨线为基准凿出寸余宽的光口"勒口",接着在大面上每隔寸许弹出若干通长墨线,以勒口面为基准,依线顺序凿去石面余量。对于较大的石料表面,应先在中间凿出相互垂直的纵横沟道,并使沟底与勒口面相平,以保证石面不至于剥凿过多。在创道过程中,还要注意石料的特性与纹理状况,小心应对,以免造成石料的崩裂破损。

大面基本凿平后,接着就在其上按构件规格尺寸弹上墨线,并用上述方法加工各个小面,如果底面需要进行加工,则安排在最后加工。一般情况下,石料多为矩形,各加工面应相互垂直,如有特殊要求,则按实际需要在此基础上进一步加工,如要求做泛水的石活,像阶沿石之类的,小面与大面的夹角就要

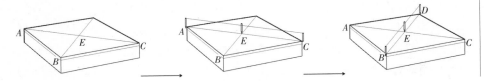

图 6-1-6　石材弹线找平

大于90°。而异形石构件大多也是以双细或出潭双细的矩形坯料进一步加工而成。

经双细或出潭双细的石料已基本平整，如果要令其表面凿痕深浅均匀，需再作一次錾凿，即为"市双细"。对于表面光洁度要求不高的石构件，完成市双细后，就算完成石材的表面加工了。如果对表面还有更高的光洁度要求，则还需经过"錾细"、"督细"和"磨砻"等工序。"錾细"、"督细"和"磨砻"主要都是为了石面的美观，只是效果不同而已。如果石料表面要求磨光，则应在前述过程中就注意避免石面受力过重，以免留下錾影和印痕，影响磨光效果。

錾细是用錾斧在石材表面进行细密的平錾，錾痕要求细密、均匀、直顺，道深一般不超过3mm，且不能留有前道工序的加工印迹。不太讲究的建筑可只平錾一遍，要求较高的建筑，可以錾第二、第三遍，为使石材表面更为干净，最后一遍錾细通常在建筑竣工时再进行。督细也称"出白"，是用方头蛮凿细督，打平市双细留下的凿痕，使石材表面发白。磨砻是在錾细或督细的基础上再用砂石进行磨平抛光。磨砻通常针对石质较软的石料，像金山石或焦山石等质地坚硬，不易人工打磨，所以没有此道工序。磨砻时要求在双细阶段表面凿平时，避免因用力过重留下坑点在打磨时难以磨去，故尽量不用尖头蛮凿而选方头蛮凿。磨砻方法是先用金刚砂蘸水打磨数遍，然后再用细砂石沾水打磨数遍，石面打磨完成后用水冲洗干净，待水干透后，再用软布蘸白蜡反复擦拭，直至发亮。

第二节　工具

石料加工常用的传统工具有锤、凿、钎、撬棒、斧，以及其他诸如尺子、墨斗、线坠等工具。

一、锤

锤子俗称榔头，也有称槌子的，是敲打东西的工具，其前有铁做的头，有一个与头相垂直的柄。锤子在石作中，是用来敲打凿和钎等工具的，也可用来敲碎石块。锤子有各式各样的形式，主要有普通锤子、花锤、双面锤、两用锤等。花锤主要用于敲打不平的石料，使其平整，其锤顶带有网格状尖棱。双面锤两面不一，一面是花锤，一面是普通锤。两用锤一面是普通锤，一面可安刃子，既可当锤子用，也可当斧子用。

二、凿

凿是一种具有短金属杆的工具，在一端有锐刃，常用锤子敲打以进行凿、刻、旋或其他切削动作，处理各种材料的表面。凿根据不同用途有着不同的造型分类，如普通蛮凿、方头蛮凿、斜凿、圆凿等。普通的凿子直径约为0.8~1cm，粗凿直径约为1~2.5cm，尖凿的直径约为0.6~0.8cm。方头蛮凿也称扁子，其刀口是平的，刀口与凿身呈倒等腰三角形，主要用在石料齐边或雕刻时的扁光，其宽度为1.5~2.6cm的为大卡扁，宽度为1~1.5cm的为小卡扁；斜凿的刀口呈45°角，刀口与凿身呈倒直角三角形，主要用于修葺，多数用于雕刻和雕刻的一些死角修葺；圆凿的刀口呈半圆形，主要用来处理倒边、倒角以及圆形孔位或是椭圆形孔位等；菱凿的刀口呈 V 字形，现很少见，主要用于雕刻与修葺。

三、钎

钎是一头尖的长钢棍，由钎头、钎杆和钎尾三部分构成，是一种常用的建筑工具，通常由大锤打入软质岩石以钻孔，在所钻的孔中装填炸药，用以爆破岩石；也通常用它来撬岩石。钎通常为圆形或六角形，钎头需具有较高的硬度和一定的刃角，如一字形、十字形等，以提高打凿效果。

四、斧

斧，又称斧头，在石作中是一种用于表面处理或截断石料的工具，主要有錾斧、剁斧、哈子等。錾斧是用于对石料表面进行錾斩的工具，较大的斧子重约 1~1.5kg，小斧子重约 0.8~1kg，用于表面要求精细的錾斩处理。剁斧是专门用于截断石料的工具，其形状与锤子相仿，但下端形状介于斧子与锤子之间。哈子则是一种特殊的斧子，是专门用于花岗岩等石质较硬石材表面斧剁处理的工具，其与普通斧子的区别在于，普通斧子的斧刃与斧柄的方向是一致的，其上的"仓眼"即安装斧柄的孔洞，与斧刃是平行的，而哈子的斧刃与斧柄是互为横竖方向，其上的仓眼是前低后高的，这样安装斧柄后，哈子下端就微向外张，剁出的石碴就向外侧溅出，避免伤人面部。

五、撬棒

撬棒是作撬动的铁棍或钢棍，通常一头尖或两头尖，或一头成刃形，主要用来撬开、截取石料。

六、其他工具

传统建筑石作中，除上述工具外，还有用于薄石板的制作加工的无齿锯，用于石料磨光的磨头，常为砂轮、油石等，其他用具还有诸如尺子、弯尺、墨斗、平尺、大锤、画签、线坠等。这些工具与木作中的工具通用，不再重复介绍。

第三节　构件

一、阶台构件

阶台是苏州地区建筑用石最多的地方，包括地上和地下两部分。地下部分用石的主要有领夯石、磉墩、糙塘石等；地上部分主要包括土衬石、侧塘石、阶沿石、磉石等（图 6-3-1）。阶台详述见后面阶台章节。

领夯石在阶台最下面，上面直接驳砌磉墩，磉墩四周叠石之上用砖或用石驳砌，谓之"绞脚"，使用条石的称为"糙塘绞脚"，使用乱石的称为"乱纹绞脚"，使用砖砌的则称之"糙砖绞脚"，以便在其之上砌筑墙体。绞脚砌至室外地面，沿阶台外缘砌筑一圈条石——"土衬石"，土衬石是阶台地上部分石活的首层，一般应比室外地面高

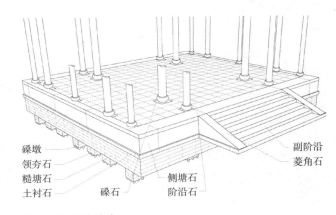

图 6-3-1　阶台构造

123

出约1~2寸，应比侧塘石宽出约2寸，宽出的部分叫"金边"。土衬石上外缘砌筑"侧塘石"，可按照侧塘石的宽度在土衬石上凿出一道浅槽，将侧塘石立在槽内。侧塘石上用"阶沿石"压顶，形成阶台顶面外缘。如为殿庭类建筑，则在阶台顶面围砌"台口石"，台口石与厅堂阶台的阶沿石相似，皆为位置相同的条石，在殿庭阶台的转角处则植以角柱。

如果建筑追求华丽，可将阶台做成"金刚座"形式，北方则称为"须弥座"。

阶台顶面则是地坪砖的铺设以及"磉石"、"鼓磴"的砌筑。磉石在砌筑时须注意其顶面应与阶沿石齐平，通常为方形石板，边长为柱径的三倍，厚度为边长的一半，即一点五倍柱径。明清以后磉石形式逐渐变少，而开始大量使用"石蹟"和"鼓磴"，也就是"蹟形柱础"和"鼓形柱础"，并且与磉石分开。

"露台"是在阶台之前所辟出的平台，它较阶台低四至五寸，其做法与阶台近似，但因其上没有建筑荷载，因而无须开脚太深，只要经夯实后能埋入土衬石即可。土衬石上为侧塘石，侧塘石上为台口石，而台面则为石板地坪。露台四周通常围绕石栏。比较华丽讲究的露台常常也做成金刚座形式，具体结构与阶台的金刚座相似。

阶台与露台因有一定的高度，均需设置台阶以方便上下。台阶也称踏步，在苏州地区也将之称作"副阶沿"。每级副阶沿通常高约半尺或四寸五（约120~140mm），宽约一尺（约300mm），长度则通常与正间的开间相当。副阶沿两端用三角形石块——"菱角石"封护。菱角石宽约一尺（约300mm），两锐角常被截平，截后高与阶沿石顶面平齐，长为高的二倍。副阶沿和菱角石砌于土衬石或天井的石板铺地之上。菱角石并非必有之物，有些建筑会省去菱角石，做成通长的副阶沿，这被称为"如意踏步"。如果建筑的阶台与露台较高，则踏步也较多，菱角石下会有拖泥，在紧贴阶台或露台处立短柱，上面斜铺垂代石。而一些等级较高的殿庭建筑，还会将副阶沿分作三份，当中部分以"御路"或"疆磋"取代台阶。

图 6-3-2　石板天井

二、石板天井

"石板天井"是指天井用条石铺砌而成，条石铺设方向与行进方向垂直（图6-3-2）。其铺设形式分两种，一种是将整个天井满铺条石，另一种是以菱角石外缘为限，仅铺当中的甬路。第二种形式在甬路的两侧会铺设两路与铺地条石相垂直的条石，其外缘与菱角石下土衬石的金边石棱对齐，作为甬路的边界。石板天井的条石铺设需要考虑排水问题。满铺的石板天井需做出四向的排水坡度，在沿四边在石板下铺设排水暗沟，在暗沟四角之上的条石上，凿出落水口，并用盖石覆盖，盖石可雕成古钱、如意等纹样。而仅铺甬路的天井，需将路面做成当中略高、两边稍低的样式，使得雨水可以顺势流入两侧的泥地。

图 6-3-3　库门

三、大门框宕

石料也被用于库门。库门通常装在墙上，所以也称墙门，是在院墙、门屋的正间檐墙或内院塞口墙上开设门宕，并用条石作为门框（图6-3-3）。两旁直立的石框称"柣"，其上横架的石条称上槛，其下卧于地面的石条称下槛。石柣有三种规格：八六石柣、九七石柣和一八石柣。八六石柣，看面八寸，厚六寸，长八尺，门宕宽三尺六寸，加阔四寸；九七石枕，看面九寸，厚七寸，长九尺，门宕宽四尺二寸，加阔四寸；一八石枕，看面一尺，厚八寸，长一丈，门宕宽四尺八寸，加阔四寸。由于库门所用为条石门框，上槛直接凿眼以纳门扇上的摇梗，下槛之上做门臼，所以库门门扇的摇梗下端用淹细支于门臼眼内，其上端及上槛孔内也需用二寸长短的铁箍嵌套。库门作为大型建筑侧门及小型民居正门的，门宕之外一般不再作其他修饰，用于内门的库门在石框宕外还要作砖细装饰。库门两旁所砌砖磴，称为垛头，垛头深同门宽。墙面内侧八字形的部分称扇堂，是门开启时的依靠之所。铺于垛头扇堂间下槛之下的石条称为地栿。

四、门枕抱鼓

门枕石俗称门礅、门座、门台、镇门石等，是门槛内外两侧安装及稳固门扇转轴的一个功能构件，因其形似枕头或箱子，所以得名门枕石（图6-3-4）。在门枕石上门轴的相应位置要凿出门臼，其内放置一块生铁片，用以承托门轴，铁片四周可浇注白矾水固定。门枕石门内部分是承托构件，门外部分是平衡构件，因此不仅能承受和平衡门扉的重量，还可强固门框。后来为了显示门第身份地位，门变大了，门外枕石部分也就相应地增大突出，头部也越做越高，于是出现了类似鼓状的抱鼓石。

抱鼓石是由宅门的功能构件门枕石发展而来，其等级是由建筑的等级决定的，通常为形似圆鼓的两块人工雕琢的石制构件，因为它形如一个抱鼓承托于石座之上，故得名抱鼓石（图6-3-5）。抱鼓石既是一种装饰性的石雕小品，也有实用功能。抱鼓石民间称谓较多，如：石鼓、门鼓、圆鼓子、石镲鼓、石镜等。抱鼓石在苏州地区也称砷石，除用于建筑大门两旁外，在传统牌楼建筑，如牌坊、棂星门以及栏杆中，也有类似抱鼓石的门挡石，是牌楼建筑特有的重要构件，主要起稳固楼柱的作用。砷石大都上部呈圆鼓形，下部为长方形石座，称为砷座。根据其上部式样的不同，可以分为挨狮砷、纹头砷、书包砷、葵花砷等。在建筑门第所用的多为葵花砷，其高低式样，以上部圆鼓径为标准，圆径有二尺至二尺四寸，厚约六七寸，下部石座约占全高的四分之一，全高约四尺，但实际尺寸，还需根据门第的高低、等级确定。抱鼓石的两侧、前面和上面均可作雕刻，雕刻手法从浅浮雕到透雕均可。抱鼓石的两侧图案可以相同也可以不同。如不相同，则靠外一侧的较简单。具体加工时，为减小石材用料，下部后砷座与砷座可以分开制作，但安装时后砷座应伸入砷座之内。

此外，还有一种用于垂花门、小型石影壁或木影壁的石构件，与抱鼓石相似，称为滚墩石，是一种富于装饰效果的稳定性构件，可以加强对垂花门或影壁的稳定作用。

五、石桥

石桥种类很多，根据使用人群和规模大小的不同分为两类，一类是供路人使用的较大型的官式石桥（图6-3-6），一类是供游人往来的各种形式的园林小桥（图6-3-7）。

官式石桥分为券桥和平桥两种形式。券桥的主要特点是桥身向上拱起，桥

图6-3-4 门枕石

图6-3-5 抱鼓石

图6-3-6 官式石桥

图6-3-7 园林小桥

图 6-3-8　园林拱桥

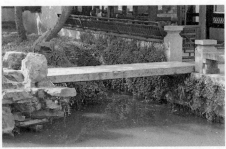

图 6-3-9　园林平桥

图 6-3-10　园林曲桥

洞采用石券做法，栏杆做法比较讲究；而平桥的主要特点是桥身平直，桥洞为长方形，栏杆式样较简单。园林小桥的用材，也以石材为多，既材料易得、坚固耐用，还维护方便，与环境协调。官式石桥做工复杂，此处以园林石桥为主讲述。

园林石桥的构造也分拱式（券桥）、梁式（平桥）两种。园林石桥的拱式桥多为一孔（图 6-3-8），梁式桥因其平坦、简洁、古朴、典雅，在小型石桥中更为常见。对于狭窄水面，有时仅设一块石板跨过，形成梁式桥（图 6-3-9）。如果池面较宽，则会将桥分作数段，呈之字形曲折蜿蜒，即所谓之曲桥，是梁式桥的一种特殊形式（图 6-3-10）。曲桥一般桥宽二尺至四、五尺不等，每段的长度，则须根据跨越水面的宽度及曲折的段数来定。桥两边多为石座栏，既可防护，又可供人休息，有时水深不大也有不设石栏的。若在石桥上建有廊屋，则称为廊桥。

曲桥施工时要注意两个桥段的交界线一定要是其交角的角平分线，否则会影响到桥面板的宽度的统一和桥面的美观。

石拱桥在施工时最关键的是拱圈的制作与安装。制作时，先将拱圈分为呈单数的若干块，这样可以保证中间一块为拱顶锁石，两边呈对称分布。安装时，先将水磐石安装在石基础上，并安装一个预先准备好的木制"盔"架，其外形与拱圈内圈相吻合，以控制和支撑拱圈的安装。然后再自边侧往中间、自下而上逐皮安装拱圈石，直到拱顶，最后用俗称龙门口的拱顶锁石楔紧成拱。

六、石栏及其他石制构件

如果上下地坪高差过大，则都需要在高地坪的四周绕以石栏进行围护，以防止跌落，如一些殿庭建筑阶台，还有阶台前的露台等，都是面积较大，可供人群在上面活动的地方，均需设置石栏。明清苏式建筑所用的石栏与北方大致相同，均采用一板一柱的形式。短柱柱身高三尺七（约 1100mm），一尺见方（约 300mm×300mm），与栏板结合处凿有卯眼，柱头高一尺四（约 420mm），通常上雕莲花，称为"莲花柱"。栏板尺寸为宽四尺半（约 1350mm），高三尺五（约 1050mm），厚八寸（约 240mm），自上而下分别为栏杆、花瓶撑、花板等内容。栏板通常由整块石板雕凿而成，其两端各出上下两个榫头，安装时插入莲花柱的卯眼，用灰浆粘接。石栏在副阶沿处随垂带顺势而下，莲花柱的下端需截成斜面，栏板也随台阶坡度做成倾斜状。在最后一个莲花柱的外缘以砷石收头。石栏安装在台口石之上，莲花柱用榫卯与台口石连接，栏板下则只以灰浆粘合（图 6-3-11）。

图 6-3-11　石栏

图 6-3-12 石座栏

图 6-3-13 系揽鼻

临水的露台，其外缘也须有石栏围护，但其形式或较为简单，通常每隔一定距离立方形短石柱，柱上架条石为坐栏，坐栏高度为一尺半（约450mm），宽约一尺（约300mm），可供小憩及凭栏观景之用（图6-3-12）。

在苏州地区，还有一些独特的石作构件，是在别的地方比较少见的，如"系揽鼻"和"出水口"等。

苏州由于地处江南水乡，四周河港密布，舟船就成为过去人们常用的交通工具。而船只停泊时需要系揽，因而在船只经常停泊之处就需设置"系揽鼻"。"系揽鼻"常常被雕凿在驳岸的丁石上，造型极多，有如意、竹节等。最常见的也是最简单的"系揽鼻"，是一种突出于石面呈半球状的，两侧凿去内凹的一段圆弧，并内部凿通，即可穿揽系牢（图6-3-13）。

图 6-3-14 出水口

另外，众多的河道也为当地居民的用水提供了便利，民居紧临的河道常常被用于洗涮和排放生活污水，当然这在今天看来是极不环保和卫生的，已经不被允许。排放生活污水的"出水口"，在讲究生活情趣的居民的关注下，也被刻意作了修饰，如上部凿成"火焰窗"，下部凿成"滴水瓦"的出水口（图6-3-14）。出水口过去曾有多种造型，但近来因驳岸的整修，以及废弃了这种排水方式而逐渐消失。

第四节 安装

一、安装次序

在苏式建筑中阶台是用石最多的地方，包括可见的塘石、阶沿的包砌，不可见的内部的驳脚和磉石砌筑等，此外，石板铺地也是用石较多之处。当然，苏地还有一些石牌坊、石亭、石屋等，但相比较而言数量不太多。故石作安装主要是指将石构件按要求安放到指定的部位，并予以固定。

石作安装的基本要点是"按线操作，顺序进行"。

如阶台包砌、石板铺地等石作施工，会随着工程的进展及时进行。进展到石作施工时，需随时拉线，并按拉线来控制及确定石构件安装的位置和高度，例如，侧塘石和阶沿石的外缘拉线应与阶台边缘平齐；土寸石外缘的拉线要比阶台外缘每边宽出寸许；而礎石的十字线须与柱中线重合等。每一步的施工都须以相应的拉线为基准，以保证石作的施工质量与美观。

石构件在就位前，应在铺设位置适当铺坐灰浆，并垫些小砖块、小石块，以便安放。石材放下后需用撬棒撬起，拿走垫砖。如发现石构件安置不平、不稳则要稍稍撬起，在不平稳处塞入石片。此外，撬棒还能帮着石构件作细微的调整，靠撬棒点撬使其准确到位。

如所用条石比较大，就需要采用"灌浆"的方法进行铺砌，也就是不先铺好灰浆，而是在石料安放时先用碎石片将其垫平、垫稳，等铺完一定数量的条石之后，再找一适当位置的灌口，将薄灰浆徐徐灌入而成。在灌完后要在石缝上撒上干灰，将石缝填塞严实，并将灌口和出气口填塞，最后清洗干净沾有灰浆的石面。

而像牌坊、石亭、石屋那样的空间构架，其安装次序则与木构建筑相仿，按先下后上、先内后外的顺序依次进行。

最后，在石构件安装完毕后，需进行仔细检查，如果发现有局部不平整，则需用錾凿或细督的方法予以打平，以保证外观的齐整和使用的舒适。

二、坐浆灌浆

石材的铺砌与砌砖相仿，都是利用灰浆结合将石构件固定。但石制构件的体积和重量都较砖大很多，其搬动调整就比较困难，所以常采用坐浆和灌浆两种方法来实现铺砌。

坐浆操作比较简单，一般用于较小的石构件，只需在即将安放石构件的面上均匀地抹上灰浆，小心仔细地放上石材，并适当调整，然后压实即告完成。但如果石构件比较大，或需调整的幅度较大，坐浆就需要改用灌浆替代，以获取令人满意的效果。

进行灌浆操作，应先将石构件安放妥当，如不平、不稳或位置稍有偏差，需予以调整，并用小石片将其垫平、垫稳，有些还需用铁件与内部结构进行拉接，使之更加稳固，还要把附近的石缝勾严，较大的石缝需用纸筋，细小的石缝则用油灰或石膏浆。灌浆前需在构件外加支撑，以防灌浆时灰浆挤开构件。灌浆需设灌浆口，其四周可安一个漏斗，或用灰进行堆围，这样不仅能够增加灌注压力，还能避免灰浆溅出弄脏石面。在一次灌浆面积较大时，需在适当的位置留些出气口，以防因内部有空气而造成某些部位没有灰浆流入。灌浆时先灌适量清水以冲去构件结合面的灰屑浮土，以便提高粘合性，同时也利于灰浆的流动，确保灌浆达到饱满。而且为能使灰浆能均匀地流遍需粘结的各处，灰浆的稠度远小于坐浆。灌浆需分数次进行，间隔时间不得少于四小时，第一遍灌浆应较稀，以后逐次加稠。

三、归位安置

石材与石材之间也需要相互连接固定，其连接方法包括榫卯、止口及铁件等数种。

榫卯连接主要用于纵横石构件之间，是在石构件上仿木雕凿出榫头和卯眼。用榫卯进行连接的有石柱与磉石或台口石的连接，其柱下作榫，磉石或台口石上开卯眼。还有石柱与石枋、栏板的连接，枋头或栏板的两端做榫，柱侧在与石枋相连时除凿出卯眼外，还要凿出与石枋断面尺寸相仿的凹陷，其作用是为了搁置石枋端头。柱侧与栏板相接时则还需开有浅槽，以防栏板的位移（图6-4-1）。由于石作榫卯不能像木构件那样将榫头做得略大于卯眼，用力将榫头打入卯眼进行固定，而只是一种定位措施，所以榫短卯浅，榫卯之间往往还有间隙，其固定主要靠榫卯间所抹的灰浆。

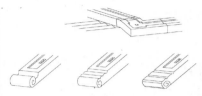
图6-4-1 安栏板的榫槽

止口连接主要用于上下石材的拼合。苏式建筑中最常见的止口运用就是墙门的下槛。石材的上下拼合一般用平缝连接，也能做到表面平整。但"止口"能够进一步提高上下石材表面的平整度，并能有效承载石构件上可能会受到的侧向推力。所谓"止口"就是在上下构件的结合面上做出高低缝进行相互连接（图6-4-2）。由于高低缝的加工需加大石坯尺寸，增加石材用量，增加经济费用，并且凿去的余量也较多，工程量也提高了，因此有时会采用将上下石材结合面都做成平面，在它们的中间相对各开一槽，拼合时在槽内另加入一条小料，从而达到限制位移的效果。

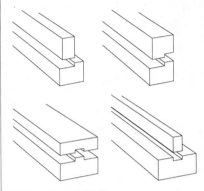
图6-4-2 止口种类

铁件进行拉接常用于水平石材间的拼合，可以避免产生缝隙，这样的铁件有"银锭榫"（图6-4-3）和"铁扒钉"（图6-4-4）。银锭榫和铁扒钉的作用相同，银锭榫相对更为精制，常用于小巧而要求较高的石构件之间；铁扒钉拉接性好，但形制粗放，常用于对表面要求不太高的大型石材之间的拉接。银锭榫较短，形状像两个相连的燕尾榫。使用时先在需要连接的石材的相邻两边上凿出与榫的形状、大小相仿的凹槽，然后埋入银锭榫并用灰浆封固。如果石作的要求较高，则还要加用白矾水。铁扒钉较银锭榫长，中间扁宽，两头则圆且稍粗，并弯起寸余。使用时也在需要连接的石材边缘凿出孔、槽等，再将铁扒钉打入，勾住两块石材以固定，最后用灰浆进行封固。

图6-4-3 银锭榫

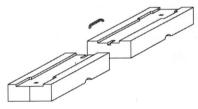
图6-4-4 铁扒钉

第五节 石雕

按照古代传统，石作行业分成大石作和花石作两类，其中石雕制作以及石活的局部雕刻即属于花石作，由花石匠来完成。

在苏州地区，石材是重要的建筑材料之一，除了用于台基侧塘、台阶、柱础、石栏、庭院铺地等处外，还有全由石材构成的建筑与构筑物，如石屋、石亭、石塔、石幢、石桥、石牌坊之类。在寺庙祠观及纪念、公共建筑、传统园林中，都可以见到众多工艺精湛、题材丰富的石雕作品。相对而言，民居建筑用石则以朴素简洁为主，但规模较大的府宅门前的抱鼓石，上马石、门厅两侧垛头下端的勒脚，以及柱础上（图6-5-1），仍能见到细腻华美的雕刻。在古代的建筑等级制度的影响下，民居大门形貌较内部厅堂更为简朴，但增加了一两处石雕的点缀，建筑产生了极佳的装饰效果，精美之感油然而生。

正是由于大量地用石，促进了苏州地区石作技艺的发展，并形成了素平、起阴纹花饰、铲地起阳浮雕、地面起突雕刻等多种修饰方法。石雕就是在石活的表面上用上述手法雕刻出各种花饰图案，增强装饰效果。

图 6-5-1　苏式石雕

砷石　　　　勒脚　　　　柱础

一、石雕工具

石雕工具与石作工具种类基本一致，主要有锤、凿、斧、锯、锉、磨头以及画笔、墨斗、尺子等辅助工具，只是因其多为细腻精致的图案纹样以及细部雕琢等，因此石雕工具型号更多，相对更加小巧。

石雕锤是专用以敲击凿，雕凿石料的工具。两端锤头尺寸稍有差别，硬木作把长约 20cm，安置位置一般稍远于大的一端，并不在正中，以适应打击不同粗细质量的凿用。石雕锤通常分大中小三号，大号为石雕开荒锤；中号也可用于木雕开荒；小号用于刻细部，锤身略有弯度成弧形，锤面向下稍作收分约 10° 角。通常石块越重，锤子也就越重。除此之外还有花锤、手锤、双面锤、两用锤等。

凿，北方称"錾子"，是一种铁质杆形，下端为楔形或椎形，端末有刃口的凿子，专用于刻石。使用时以锤敲击上端使下端刃部受力以雕凿石材，按其刃部形式可分尖凿、平凿、半圆凿和齿凿等。尖凿是开荒凿，有大中小号，分别可开大中小荒；大平凿用以打平面，中小号平凿用以打光做细部；厚刃半圆凿可用于较硬的石材开中荒，薄刃半圆凿雕衣纹和细部；齿凿用以整理粗坯成大型。苏州地区常用的称为蛮凿，一共有两种，一种为尖凿，一种为平凿，都长约七寸到一尺左右，凿径大约八分，形方微圆。

石雕用的斧子主要有凿斧、剁斧、哈子等，用来作表面处理或截断石料。

石雕用的锯子的作用是去除石头中多余的部分，一般用来切割质地较软的石材。

石雕也会用到粗锉刀和锉刀。锉刀有时也叫曲锉，等级越粗的，齿就越大。坚硬石头初步光滑时可选中粗锉，而软性石头可用更精细等级的锉刀。

此外，还有用于石料磨光的磨头、白蜡，用于拓印图案纹样的纸笔，用于描画图案的画笔、墨汁以及需要用到的弯尺、直尺、小线、线坠、墨斗、直角尺、大小卡尺、钢撬棍等。

二、常用图案

苏式建筑中石雕所用的装饰题材十分广泛，所雕纹样包括卐纹、回纹、牡丹、西番莲、水浪、云头、龙凤、走狮、化生等。不同用途的建筑，以及建筑的主人身份不同，都会影响到雕刻图案的选择，而一些次要部位的雕刻则会简单很多，仅用线饰、纹头等装饰；在寺观祠祀之中，会选用诸如发器、仙灵、

图 6-5-2　常用石雕图案

云气等与其性质相对应的图案，来增强装饰效果；而住宅所用的雕饰图案内容大致分为山水、人物、花卉、鸟兽、器物、吉祥图案等（图 6-5-2）。常见的有象征福禄寿禧、大吉大利的"八宝图"，喻为书香门第的"文房四宝"，意示致仕归隐的"渔樵耕读"，有意为"喜得连科"的喜鹊莲蓬，有花瓶中插有三戟表达"平升三级"的，有公鸡配牡丹表示"功名富贵"的，有一鹿傍一官人意为"加官受禄"的，有用菊花配鹌鹑表达"安居乐业"的，有以牡丹配白头翁表意"长寿富贵"的……诸如此类，多不胜举。

　　石雕作品图案多样、内涵丰富、喻义深刻，常能将人带入一个更高的境界。这种现象的形成，与人们常将自己的希冀与愿望融入装饰之中有关，特别是在苏州这样具有深厚文化底蕴的地区，建筑装饰已不只是美化环境的一种点缀，人们通过借助比拟、隐喻、谐音、双关等手法，将求仕、求禄、希求延年益寿、家族兴旺、平安富贵、淡泊宁静之类的美好愿望与个人理想，利用雕绘图案形象地表达出来。如见松柏即感其长青刚毅；见翠竹即思其挺拔亮节；见梅花又联想到风骨坚贞；见兰花喻其清雅脱俗；见莲花则会引起高洁清纯的共鸣。又如书香门第多选好儒求禄的图案；商贾之家好用人兴财旺的题材；建宅为养亲悦老时常会满饰二十四孝故事；宅主如欲示人以雅洁脱俗的感受则会遍布松竹梅岁寒三友、梅兰竹菊四君子图。因此，这些丰富多彩的装饰题材内容还增添了建筑及其主人的时尚趣味和文化内涵，使人们欣赏一幅幅雕饰作品时，即会从其装饰之中感受到建筑最初的性质、建筑主人的情趣品性等。

三、图案拓印

　　石雕的图案选择确定后，需要拓印到石料上，才能进行雕凿及磨光等工序。

　　如果图案较为简单，可以在石面上直接画出，然后就进行雕凿，但图案如果比较复杂的话，就需要先画在纸上然后拓印到石料表面，再进行雕凿。主要有以下几个步骤，丈量尺寸，配纸，起谱子，扎谱子等。首先根据雕凿构件的规格尺寸以及构件位置、建筑特性、主人要求等，确定选用的图案及其尺寸，接着选用相匹配的纸张，然后将确定的图案画在选定的纸上放样，这称为"起谱子"，画好后用针顺着纹样在纸上扎出许多针眼来，这叫"扎谱子"，接着把扎好谱子的纸贴在石面上，用棉花团等物沾红土粉等在针眼位置不断地轻拍，叫做"拍谱子"。拍谱子完成后，纹样的痕迹就留在石面上了。通常会预先将石面用水洇湿，这样可以使拍上的纹样痕迹更加清晰明显。拍完谱子后，需再用笔将纹样描画清楚，这是"过谱子"。过完谱子后要用凿沿线条"穿"一遍，避免所画线条被擦拭掉。接着就可以进行正式雕凿了。

　　当然，不管是简单地直接在石面上画还是拓印，往往都要分步进行。如应先定出大致轮廓和主体结构，然后再绘制及雕凿细部；此外，如果图案表面高低相差较大，应先确定较高的纹样，低处图案留待下一步描画。而且最先描画出的图案以外多余的部分应先凿去，并用平凿修平扁光，接着细部或低处图案同样也是先用笔勾画清楚，再将多余的部分凿去并修平扁光，然后用相应的凿进一步把图案的轮廓雕凿清楚。如果在雕凿过程中将已画图案的线条凿掉，应及时补画。

四、雕凿次序

苏州地区的石雕并没有专门的分类、等级，只是根据雕刻的深浅高低来进行区分，共有素平、起阴纹花饰、铲地起阳浮雕、地面起突雕刻等四种。素平本来是指对石面不作任何雕饰，只按使用位置和要求作适当处理的一种类型，这里是指平雕，包括在石面上做阴纹雕刻，以及"地"略低于石面但石面纹样没有凹凸变化的阳纹石刻。起阴纹花饰是在花纹处用凹线表达，且阴线较素平的深。铲地起阳浮雕是指在石面上雕刻花纹，而将花纹以外的部分——"地"凿去一层，将图案中雕刻的花纹突现出来，并有一定的凹凸起伏变化。地面起突雕刻类似于高浮雕，是指将图案以外的地部分雕凿得更深，让图案部分很明显地突出，并使图案部分的花纹通过深浅雕刻突现立体感。

不管是何种形式，如果其图案简单的，可直接把纹样画在经过初步加工的石料表面上，然后进行雕凿。图案复杂的，可使用"谱子"，在石面上拓印出纹样后，用锤子和凿沿着图案线凿出浅沟，这就是所谓的"穿"。如果是阴纹雕刻，就用蛮凿顺着"穿"出的纹样继续把图案雕刻得清楚、美观。如果是阳纹雕刻，就把"穿"的位置以外的"地"部分雕凿去除一定量，并用平凿把"地"扁光。再把凸出的纹样边缘修整好。

如果图案较为复杂，纹样描画往往要分步进行，如图案表面高低相差较大时，低处的图案应稍后进行描画，而图案中的细部也应在总体结构成形后再画。然后进行"穿"的工序，接着根据"穿"出的线条把图案的雏形雕凿出来，在此基础上，再对图案的局部、细部和下一层次的内容进行描画、穿出线条，并用蛮凿、尖凿和平凿雕刻出来，并对雕刻出来的形象的边缘扁光修净，或者打磨光滑。在实际雕刻过程中，以上"画"、"穿"、"凿"等工序常常是交叉进行的，应尽可能做到随画随雕、随雕随画。

第七章　油漆作

第一节　油与漆

一、大漆

大漆又名天然漆、生漆、土漆、国漆，是中国特产，所以也泛称中国漆，是从漆树上收集来的乳白色黏性液体，是一种天然树脂涂料。

大漆漆膜具有优异的物理机械性能，坚硬、耐磨强度大、附着力强、耐热性高、耐久性好、防腐、耐酸、耐碱、耐溶剂、防潮、防霉杀菌、耐土壤细菌腐蚀，具有较好的电绝缘性能和一定的防辐射性能，并且漆膜光泽度好，亮度典雅。当然，大漆也有缺点，如漆膜耐紫外线较差、黏度高、不易施工、对干燥条件要求较高等，而且生漆还会使部分人体皮肤产生过敏现象。

判断生漆的好坏，可以参照歌谣：好漆似清油，明镜照人头，摇动起虎皮，挑起钓鱼钩。另外还需注意生漆不能用铁罐存放，否则会影响漆的质量。

二、桐油

桐油有生熟之分，生桐油是由天然桐子榨取的，未经熬制，熟桐油是生桐油不加任何催干剂熬炼而成的，颜色相对生桐油要深，一般呈现咖啡色，比生桐油黏稠、密度大，结膜光亮。熟桐油主要用作木材的防腐、防潮涂料，可替代清漆。木材加工主要使用熟桐油。

需要注意的是，桐油熬好出锅后，需不停反复扬烟透气，出烟越彻底，用其调配的广漆就越光明清亮，质量就越好。

三、油漆配制

大漆、桐油虽都可直接涂饰物件，但实际上更多使用由大漆、桐油制备的油漆涂料，如广漆、推光漆和调和漆等。

广漆是由大漆和熟桐油经调合加工而成，如果加入颜料则可配成彩色漆，主要用于工艺品和木器家具的涂饰（图7-1-1）。调配时桐油的加入量应根据生漆的质量和气候条件确定，如温度在26℃、相对湿度在80%时，常规配制比例为1：1。现在也可以用亚麻油及顺丁烯二酸酐树脂等与大漆进行调配。调好的广漆，一般要求上漆后在10~20min还可以刷理，5~6h后手触碰不粘，12~24h后漆膜基本干燥，一星期内完全干燥。这样的广漆质量较好。广漆还可以调成色漆，传统方式是用生猪血经捣碎后捞去血筋，并加入适量轻质铁红和铁黑等过筛即可。现在则还可以在广漆内加入稀释剂及轻质铁红、轻质铁黄、铁黑等石性颜料过细筛制作。

推光漆是由大漆经加热脱水或加入氢氧化铁等制成，分透明推光漆、半透

图7-1-1　木器家具的涂饰

图 7-1-2 推光漆涂饰

图 7-1-3 调和漆涂饰

明推光漆和黑色推光漆等，具有漆膜光亮、丰满，保光性和耐水性好，干燥快等优点，主要用于将军门、柱头、横匾、招牌，以及特种工艺品和高级木器的涂饰（图 7-1-2）。制备黑色推光漆，古人有两种方法，一是以墨烟加入大漆中，虽色黑但有渣滓；另一种品质更高，选用色深、质浓、燥性好的生漆做原料，用铁锈水调入漆中，也可加入 3%~5% 的氢氧化铁，搅拌均匀后即成，这样的黑色推光漆又称乌漆或玄漆。用于传统家具上，揩光的称为黑玉，退光的则叫乌木。

调和漆是使用最广泛的油漆品种，是一种调制得当的不透明漆，早期则由油漆工人自行调配而成。调和漆是用桐油加入颜料、溶剂、催干剂等调制而成的，分为磁性调和漆与油性调和漆两种。调和漆中含有树脂的就叫磁性调和漆，但树脂与油量之比要在 1∶2 以下；不含树脂的就叫油性调和漆。油性调和漆附着力好，漆膜弹性和耐气候性较高，但干燥慢，光泽较差，适合于室内外建筑物、门、窗，以及室外铁、木器材之用（图 7-1-3）。磁性调和漆比油性调和漆干燥快、光泽好、硬度高，但容易退光、开裂和粉化，只适用于涂装室内木器及构件。

四、安全防护

油漆作的安全防护很重要。由于油漆和绝大部分稀料都是可挥发的易燃物质，加上施工过程中产生的粉尘，这些物质与空气混合并积聚到一定的浓度时，极易与火源产生反应，引起火灾甚至是爆炸，因此一定要注意防火防爆。此外，擦油用过的麻头、盖油用过的牛皮纸等，也极易引起火灾，所以用过以后须立即销毁。

油漆和稀料都含有危害人体的有害物质，会对人体皮肤、中枢神经、造血器官、呼吸系统等造成侵袭、刺激和破坏，因此必须经常排气、换气，降低空气中有害物质的蒸气浓度，以保证操作者的身体健康。

在油漆作的基层处理和打磨过程中，会产生大量的飘浮性灰尘，也需要采取措施进行防护。

第二节　木基层处理

木基层处理即是进行地仗处理。地仗对于传统的木结构建筑是重要的保护性措施，能保证建筑的经久耐用，保护木料不受风吹、日晒、雨淋，同时也方便在木构件上油饰彩画，并避免基层的变形影响到彩画表面。地仗的厚度通常在 1~3mm 之间。地仗主要有一麻五灰、一布四灰、单披灰等几种常用做法，使用时要根据建筑的部位和工程的需要来确定。

一、地仗材料

（一）地仗工具

传统地仗工艺主要使用以下工具：铁板、皮子、板子、大木桶、小把桶、麻压子、粗碗、轧子、砂轮石、布瓦片、挠子、铲刀、斜凿、扁铲、轧鞅板、剪子、长尺棍、短尺棍、细竹竿、细箩、小石磨、大缸盆、小缸盆、堂布、大铁锅、大油勺、油棒、调灰耙、麻梳子、小斧子、糊刷等。

（二）地仗材料

清代地仗有两种不同的配料方法，一种掺入血料，另一种则不掺入血料。掺入血料的做法较常见，被广为采用；不掺入血料的做法不常见。

不掺入血料的做法不必斩砍木件，而是直接在新木件上做灰即可。但采用该方法木件必须干透，由于油满调成的油灰不易干透，因此技术难度大，工程造价高。其材料主要是 50g 石灰加 500g 水发成的石灰水，以及 500g 灰油和 250g 精面粉拌成的油满。其操作工序是：钻生桐油一道—捉缝灰—扫荡灰—使麻—压麻灰—钻生油—满上一道细灰浆—上细腻子。其中，捉缝灰、扫荡灰等各道油灰都是用油满加水拌成，地仗油灰从里向外加水量逐道增加，油灰强度则逐道降低，而披麻浆则直接用油满而不掺入其他材料。有时为提高油灰强度，也有在其中掺入江米浆的做法。

常见的掺入血料的地仗做法，其使用的材料包括血料（猪血）、大仔灰、中仔灰、小仔灰、中灰、细灰、桐油、苏油、煤油、面粉、生石灰、线麻、夏布等。其中，各种灰是用旧城砖、瓦块碾碎磨细制成，根据粗细等级不同，形成大小不等的颗粒状或粉状。而血料、桐油都要在现场先初加工制成熟料再使用。

（三）地仗材料调配

地仗材料的调配有一套完整、严谨的工艺技术流程，只有严格按照这样的要求操作，才能保证传统建筑不管是外观色彩还是内在材料都能够经久耐用、效果满意。

地仗内层油灰的强度是高于外层油灰的强度的，如果做成外层油灰强度高于内层，则会出现把里层灰皮揪起或者拉开的状况，使地仗出现空鼓和裂缝。在制作油灰时，掺入油满越多，骨料级配粒径越大，油灰的强度就越高，反之则油灰的强度就越低，如油灰强度还需更低，则需掺入净水来替代油满以达到目的。

油浆和稀底子油都是直接用于木基层上，在木构件和地仗之间起到结合层的作用，只是两者调配的原材料不同。油浆是油满和净水按 1：20 的比例混合搅匀而成，其用水量也可以据木基层质地情况作适当增减。稀底子油则是在生桐油中掺入 30% ~40% 的煤油或稀料拌合而成。

捉缝灰是用来堵塞木件缝隙，填补低洼凹面的油灰。按中灰 3 份大仔灰 2 份的重量配比混合拌匀，按血料和油满 1：1 的体积比拌合成浆料，再将拌匀的灰和浆料按重量 1：1 混合拌匀，即得捉缝灰。

扫荡灰需在木件上满上一道，因此也称通灰，是地仗中强度最高的油灰。其所用材料、配制比例及拌料方法与捉缝灰完全相同。

披麻油浆是用来粘结线麻的。按血料和油满 1.2：1 的体积比混合，并搅拌均匀。披麻油浆制作完成后需用牛皮纸封盖严实，以避免风干。

压麻灰是用在线麻层上面的油灰，强度要略低于扫荡灰。制作时按重量比 1 份中仔灰：1 份小仔灰：2 份中灰混合拌匀，按体积比 2 份血料：1 份油满混合搅匀形成油浆。再按 1.5 份砖灰加 1 份油浆混合拌匀，即得压麻灰。

中灰（中油灰）是强度略低于压麻灰的一种油灰，按重量比 8 份中灰中掺入 2 份中仔灰拌合，并按体积 1 份油满加 3 份血料搅匀成油浆。再按砖灰 1.5

份与油浆 1 份混合搅拌均匀，即成中灰。

细灰（细油灰）质地最细，是五道灰中强度最低的一道。先按重量，血料 1 份加熟桐油 0.005 份加水 0.3 份配制成浆料，再按 1 份浆料加 2.5 份细灰拌匀而成。

细腻子分为头道腻子和二道腻子，其中头道腻子按重量血料 1 份加熟桐油 0.005 份加水 0.15 份拌匀而成；二道腻子则是先按重量血料 1 份加熟桐油 0.005 份加水 0.2 份拌匀成浆料，再按体积 1 份浆料加 1.5 份土粉子拌匀而成。

二、木基层缺陷修补

不管是新的木料还是旧的修补，木料表面多少会存在缺陷，所以在做地仗前，需对木基层进行修补，以保证地仗的质量。木基层主要的缺陷有钉眼、裂缝、拼缝、结疤等。

木基层缺陷修补首先要清除木基层表面的灰尘污垢，如雨锈、杂物、木屑等。然后修整木基层表面的毛刺、掀岔等缺陷，用砂皮磨光，保持整洁。第三步撕缝，也就是对裂缝进行放大处理。通常木构件上的裂缝会比较窄，而油灰颗粒较大，往往不能将窄缝填实填满，需要用工具将缝铲得稍大一些，这就是叫撕缝。撕缝时，需用铲刀把木构件上的裂缝铲成 V 字形，至缝内侧见到新木茬，这样可以使油灰将缝填满填实。无论缝宽多大多小，都要撕开成 V 字形，以保证不影响地仗的质量。

为了防止木构件的裂缝受外界温度、湿度的影响，引起宽度的膨胀收缩，进而造成地仗的开裂，需在木缝中打入竹钉以防止木材变形，从而避免地仗的开裂。竹钉通常为 50~80mm 长，10mm 见方的竹条，一头出尖即成，具体应根据缝隙宽窄深浅确定钉的长短粗细。由于木构件上的裂缝都是中间宽两头窄，因此中间下扁头竹钉，两头下尖头竹钉。下钉时，先下两端，后下中间，轻轻敲入一定的深度后，再按顺序钉牢。为使受力均匀不易脱落，同一条缝内的竹钉应同时均匀打入。竹钉的间距在 10~15cm 之间。木构件撕缝并清理干净后，如果缝较宽，要作楦缝处理，即用木条将缝填齐钉牢，要求做到楦实、楦牢、楦平。凡是木构件裂缝宽度大于 5mm 的都要楦缝，所用木条为红松或白松木料，将小木条按照裂缝宽度刨好嵌入，再用一至三寸的小钉钉牢，并将木条刨至和木构件表面平齐即可。

此外，如木构件表面有松动的皮层要钉牢，有低凹不平的部分要用薄板补平，有孔洞、活节等要彻底清除，然后用木块补成相应的形状补平钉牢。

这样才能保证地仗的质量不受木基层缺陷的影响。

三、批麻捉灰

（一）一麻五灰地仗

传统建筑里常用的油漆做法有四种：第一种可用于一般建筑的柱、梁、枋、椽等处，为"满披面漆，一铺广漆"；第二种是"满披面漆，两铺广漆"，可用于门窗和内外装修等处；第三种是"满披面漆，一铺黑广漆"，常用于厅堂的柱子及大门等处；第四种即是清官式的"披麻捉灰"做法，比前三种都更为考究，也是重要木构件的常用油漆做法，既能保护木基层少受外界温、湿度的影响，避免木结构因此引起较大的胀缩变形，同时也能使木基层的变形反映到彩画表面时起到缓冲作用，避免对彩画等表面装饰造成较大影响。

地仗披麻捉灰的传统工艺根据使用功能的需要也分为多种，如使用在门窗装修上的单披灰，用在楹联匾额上的一麻一布六灰，而最常用的是用于传统建筑柱、檩、枋、垫、抱框、板墙等处的一麻五灰地仗，其因要抹五道油灰，披一层线麻而得名。

一麻五灰地仗的第一步是要满砍木构件表面，不管是新木构件还是旧木构件修缮，都需要做这一工序。先要清理干净木构件表面，然后使用小斧子将其表面砍麻，因为光滑、平整的木构件表面，不利于木构件与地仗油灰的粘结。斧痕砍入深度约为1mm，至见木茬为度，间距在4~7mm左右，然后再用铁挠子将表面清理干净。

第二步则是对木基层缺陷进行修补。

第三步是加固基层表面的刷浆处理，可用油浆或稀底子油在砍光挠净的木构件上满刷一道，起到木构件与地仗的结合层作用。

第四步是捉缝灰，即用油灰塞填木构件表面裂缝。油灰刮缝，一定要做到横找、横挤、挤满、挤实、挤严，使缝内油灰饱满，切忌有空隙，然后顺着裂缝刮净余灰。木构件凡有低洼不平或缺棱短角之处，需用铁板皮子补好，做到补平、补直、补齐，低洼不平处衬平籍圆，缺棱短角处长高嵌平。油灰应自然风干，干透后，用砂轮石或石片磨掉干油灰的飞翅，修齐边角，并用湿布掸去浮灰，打扫干净。需要注意的是，嵌缝的油灰是否干透不易从表面上看出，可用铁钉扎，扎不动即为干透。

第五步是上扫荡灰。扫荡灰又称粗灰、通灰，是麻层的垫层，用这道灰找平木构件的表面，作为批麻的基础。扫荡灰操作需要三人一组，流水作业，前后道工序密切配合，分为上灰、过板和找灰三步。上灰者用皮子上下反复上灰，在捋过的灰上面再覆第二遍。接着前者，过板者用特制的板子把油灰刮平、刮圆。紧跟着找灰者用铁板找细，检查余灰和落地灰，保证木构件上的油灰达到所需平直度。对木构件表面的平整必须在这道灰做好后，不可在披麻后再来处理，否则会影响地仗的质量。这道油灰的厚度一般约2mm。待油灰干透后，需用砂轮石磨去飞翅、浮粒等，并拿湿布清扫掸净。

第六步为批麻，又称使麻，是将麻纤维贴在扫荡灰上，在地仗中起到拉结的作用，可以使地仗的油灰层不易开裂。其操作步骤包括开头浆、粘麻、轧干压、渐生、水压、磨麻、修理活等七道工序。开头浆即刷头道粘结浆，是将批麻油浆刷在通灰层表面，并根据麻的厚度确定开头浆的厚度，一般以经过压实后能够浸透麻为度，约3mm，不宜过厚。开头浆后立即开始粘麻，麻丝走向应与木纹方向或木料拼接缝方向垂直，可以起到加强抗拉的作用。麻丝的厚度要均匀一致，并将麻丝随铺随压实、压平。粘完麻后就要轧干压，也就是压麻，先从阴角（也称鞅角）、边线压起，后压大面两侧，压到表面没有麻绒为止。压麻需两个人，一人先将头浆砸匀，将麻砸倒，一人紧跟着干轧，务必做到层层轧实。接着就是渐生，也称洒生，即刷第二遍粘结浆，就是在麻面上刷一道四成油满中掺入六成净水的浆料，刷至不露麻丝为度，需注意不可过厚。紧接着趁潮湿将麻丝翻虚，查看有无干麻、虚麻或存浆，务必将内部余浆挤出，把干麻浸透。然后再一次轧压，此次轧压需保持麻丝湿润，故称为"水压"。水压顺序同干压一致，也从鞅角开始，压匀、压平，且做到无干麻、不窝浆。油浆和麻丝压实干燥后，就要进行磨麻，目的是与下一道的压麻灰能粘结牢固。是用砂轮石或石片、缸瓦片等磨麻，直至麻绒浮起，磨麻要全部磨到，不得遗漏，然后将浮麻清除干净。至此，批麻工序完成，这是地仗的主要工序，务必做到位，以免直接影响地仗质量。

第七步是压麻灰，是在批麻之后的步骤。在清扫干净的麻层上批上压麻灰，先薄刮一遍并反复抹压，即干捋操，使油灰与麻层紧密粘牢，然后在上面再满批一道油灰，务使密实。然后过板，达到平、直、圆为度，油灰厚约 2mm。要求较高的还需用薄钢板找补一遍，做到均匀挺直。然后待油灰干后再轧线，达到三停三平的要求。最后等油灰干透后用石片磨去疙瘩、浮粒等，并清扫擦净，掸净浮灰。至此木构件应达到大面平整，曲面浑圆、直顺，并且无脱层空鼓的要求。

第八步为批中灰，即用皮子在木构件的压麻灰上往返溜抹一道拌好的中灰，而后在上面覆灰一道，再用铁板满刮靠骨灰一道，中灰不可过厚，约 1~1.5mm，要刮平、刮直、刮圆，干透后用瓦片把板痕、接头磨平。轧线则使用细灰，最后用湿布掸净浮灰。

第九步为批细灰，也叫找细灰，是一麻五灰地仗的最后一道灰，油灰一定要细。先用薄金属板将棱角、鞅线、边框、顶根、围脖、线口等部位全部刮贴一道细灰，找齐贴好，再满刮一道掺灰。待干透后再满上细灰一道，宽度在 20cm 以内的小面积区域用铁板刮，宽度在 20cm 以上的大面积区域用皮子或板子刮，灰厚在 2mm 左右，要求鞅角线路齐整、顺直，圆面圆浑对称，接头整齐且不留在明显处，且无脱层、空鼓、裂缝。待干透后用细砖打磨，直至表面整齐、平顺、不显接头，并清扫干净。还需提醒的是，上细灰时应避开太阳曝晒和有风天气。

第十步为磨细钻生，待细灰干透后，用停泥砖上下打磨，直至棱角线路整齐直顺，平面平顺齐整，圆面浑圆一致，表面全部断斑即可。每磨完一件构件需马上钻上生桐油，做到随磨随钻刷，这可以起到加固"油灰"层的作用。用丝头或油刷钻刷生桐油，要把地仗钻到、钻透，钻至地仗表面浮油不再掺透为止。如果时间太急，也可在生桐油中加入少量灰油或苏油或稀料，来替代纯生桐油。等 4~5 个小时后，用废干麻擦净表面吃不进去的浮油，以防挂甲。进行磨细钻生工序时也和批细灰一样，需避开太阳曝晒和有风天气。等生桐油完全干透后，再用细砂纸整体磨光，最后用湿布蘸水满擦一遍，至此一麻五灰地仗成活完工。

（二）其他地仗

除了一麻五灰地仗外，根据功能需要、经济考虑等因素，还有一些更复杂或更简化的地仗做法，如一麻一布六灰、二麻七灰一布，以及一布四灰、单披灰等。

一麻一布六灰多用在重要建筑或建筑的重要部位。除在压麻灰上增加一道中灰，在中灰上用油浆加糊一层夏布外，其余材料、工序、做法均与一麻五灰地仗相同。

二麻七灰一布出现于晚清时期，多用于插榫包镶制作的柱子，以及木构件裂缝过多的情况。其是在压麻灰上加做一道麻一道灰，上面再加糊一道夏布做一道灰，其余材料、工序、做法均与一麻五灰地仗相同。

一布四灰是用夏布替代批麻的简易做法，四道灰分别是"捉缝灰、扫荡灰、压麻灰和细灰"，但不做"下竹钉"和"中灰"等工序，其余均与一麻五灰相同。

单披灰是地仗中不批麻或糊布的做法的统称，共有四道灰、三道灰、二道灰、道半灰和靠骨灰五种，其基层处理只做撕缝及汁浆，主要差别在于汁浆和磨细钻生工序之间的油灰工序的不同。其工序分别为：四道灰是捉缝灰、扫荡灰、中灰、细灰；三道灰是捉缝灰、中灰、细灰；二道灰是中灰、细灰；道半灰是捉中灰、找细灰；靠骨灰是只做一道细灰。

第三节　刷饰

地仗做好后，需对表面进行油漆处理，主要分为两大类：大漆刷饰和桐油刷饰。

一、大漆刷饰

大漆刷饰主要有以下几种。

（一）生漆饰面

在地仗上上头道漆，然后入窖干透，漆面不打不磨，干透后重复上第二道生漆，入窖干透后再上第三道生漆，干透交活。

（二）退光漆

退光漆饰面也有称紫罩漆的，其工艺步骤如下。首先要在做成的地仗上刮一层用生漆和定粉配制的细腻子，然后入窖干透，再用零号砂纸磨光。接着上头道退光漆，上好后入窖 6h 左右，注意不能过窖，即在窖中放得时间过长，否则会在漆面上出现一块块像烤煳的颜色。另外，还需控制窖棚的密闭性以及湿度和温度，窖棚内不能见风，湿度要大些，但不能滴水，温度要保持在15℃以上，还要注意棚内清洁，避免灰尘影响质量。上漆时最好是把上漆的木构件立着放，与地面垂直，用漆栓用力顺匀并轻轻顺栓，使表面不显栓垄。入窖 6h 后出窖，接着用羊肝石水磨，直至断斑，继续回窖 3~4h，并用白布擦干净，手掌心把漆面揎净。然后就上第二道退光漆，待入窖干透后，如果光亮饱满、光度一致，就成活了。如果漆煳了，则需重上一遍退光漆，直至光亮饱满才算成活。

退光漆要求最少上三遍漆，且每上一遍均要磨退，每一遍都要用羊肝石磨断斑。最后一次磨退，需先用羊肝石磨断斑后，再用头发沾着细灰在水中澄出的细浆来回地擦，直到退出光泽。然后用水把泥浆冲净，再拿干头发擦，直至光亮饱满、细腻一致，接着还需用软布沾上少量香油再反复地擦，最后把香油擦净，漆面黑亮光丽即成活。

（三）大漆银硃紫

大漆银硃紫是在大漆中掺入银硃，按大漆 1 份，银硃 0.8 份匹配，其余制作工艺与退光漆相同，成活以后呈紫红色。

图 7-3-1　大漆金胶涂饰

（四）罩漆油饰

罩漆又称紫罩，现也称广漆，大多用在家具、佛像、落地罩等处。罩漆是在退光漆中加入 40% 的熟桐油混合拌匀，在烈日下曝晒而成。罩漆油饰是先用刷子在木胎上满刷一道露木纹的松木色，然后再进行罩漆。如果是金活就需先准备好大漆金胶，其是用 3 份退光漆加 7 份罩漆混合搅拌均匀后，放在烈日下曝晒制成的（图 7-3-1）。接着用丝头在贴金的部位，搓上大漆金胶油，用油栓顺，搓油要搓到、搓匀，直至鞍角、棱线搓到肥瘦适当、均匀一致，且无栓垄，无接头，光亮饱满，然后就可入窖，10h 后出窖，待干透后再上罩漆。上罩漆前先净油，就是上一道熟桐油，放四至五天等其干透后，再上一道罩漆，放在烈日下曝晒十几天，待黑色稍退变成紫色时即成。

（五）金银箔罩漆

金银箔罩漆常用于佛像表面处理，制作时先要准备好大漆金胶。第一步在做成的地仗上刷一道净油，接着上一道大漆，然后用丝头沾上大漆金胶在活上搓，再用油栓顺，待搓到、搓匀后入窖，12h 后出窖，然后贴金银箔。贴好后需停放三天再上罩漆，其时将丝线卷成卷沾满罩漆，用手心把丝线卷按在金银箔上搓动，使得金银箔上滚沾到罩漆，需要注意的是，搓罩漆时要搓得均匀适量，用力适当，且手不能摸到金银箔。搓成后入窖干透，待几个月后漆面渐渐变成紫红色，即成活。

（六）龙罩漆

龙罩漆与罩漆工艺流程基本一致，先刷露木纹松木色，然后上一道净油，最后上龙罩漆。差别在于龙罩漆的配制与罩漆稍有差异，龙罩漆为退光漆中加50% 的熟桐油配制而成，且最后成活的颜色略浅于罩漆。

（七）揩漆

揩漆，也称擦漆，是大漆刷饰工艺中一种传统的操作方法。揩漆的成活质量比刷涂的高，不过工序较多，工时较长，且操作也更为复杂。揩漆形成的漆膜薄而均匀、光滑细腻、木纹清晰、光泽柔和，成品具有古朴、典雅、精致的特点。因此，揩漆工艺常用于红木、紫檀木、花梨木、鸡翅木等名贵家具的表面上漆，现在也常被用来揩仿紫檀木色、仿红木色、仿花梨木色、仿柚木色等家具的表面。揩漆工序一般须两人操作，一人在前面擦漆，一人在后面揩漆。擦漆要手法平稳，揩漆要薄而均匀。擦漆一般至少要擦 3~4 遍，多者要擦 6 遍以上。开始时擦漆者用丝团在已上过漆的物面上滚漆，然后拿蚕丝团作横向、竖向、斜向揩擦，接着由揩漆者顺木纹方向或从上到下揩擦至匀、平、顺，这样揩出来的漆层薄而均匀、光滑细腻。每揩一遍生漆均应间隔 5 天左右的时间再揩下一遍漆，这主要是等待前一遍擦漆的色素黑垢褪掉一些，保证漆膜底色有较好的透明度。每遍生漆的厚薄都要求均匀适度，防止过厚或太薄。揩漆完后应将物件置于窖房内自干，窖房应阴暗潮湿，最好保持 25℃ 左右的室内温度，以促使漆面快干。

二、桐油刷饰

桐油刷饰也即传统油漆作的油饰，所使用的工具有五分捻子、油桶、丝头、缸盆等。其所用原材料有石青、石绿、银砵、章丹、铅粉、黑烟子、广红（红土子）、佛青等，油料有熟桐油、苏油（现在用煤油或稀料）。

（一）配油

配油多指配制色油，就是在工地用颜料和熟桐油现场配制，随用随配。主要有绿油、章丹油、银硃油、二硃油、广红油、黑油、黄油、光油等。

绿油主要是由石绿和熟桐油配制而成，并加入适量的煤油稀释，成品呈现深绿色。其材料按重量配比是1份石绿掺入0.8份熟桐油，加入0.25份煤油稀释。

章丹油是用章丹粉与熟桐油进行配制所得，配置前应先去除章丹中的硝，然后再配制；其方法及材料配比与绿油完全相同。

银硃油是由银硃与熟桐油配制而成，按材料的重量比1份银硃、0.2份章丹、1份桐油配制而成。

二硃油则是按体积在四成银硃中加入六成章丹，然后按前述过程配制。

广红油也称土硃油，是按体积1份红土子（高广红）加1份熟桐油掺好拌匀，然后放在太阳下面晒1～2天，沉在下面的油作为垫光油或上架橼望油饰用，上面的漂油则留作最后一道光油使用。

白铅油是由1份铅粉里掺1份熟桐油配制而成。

黑油是由黑烟子与熟桐油配制而成的。黑烟子需先过箩按实，在黑烟子上掏一个窝，把预先温热至将要沸腾的白酒倒在窝里，每500g烟子倒三两酒，在倒酒的地方倒入开水淹没烟子，水随倒随搅，直至稠状为止。待黑烟子沉淀下来，用拌合出水的工艺制成油坨。然后加入熟桐油砸开油坨，熟桐油分三次倒入，且随倒随拌，按重量1份黑烟子加入1.5份熟桐油。

蓝粉油是先由佛青和熟桐油按重量1：1搅拌配制成蓝油，然后再用蓝油和白铅油混合淡化成蓝粉油，其颜色深浅由白铅油和蓝油调兑比例控制。

黄油是按重量比1份石黄加1份熟桐油配制而成，其方法和绿油相同。

光油即熟桐油中不掺不兑其他物质，直接用作罩光油。

（二）桐油刷饰

1. 上细腻子

在做好磨细钻生的地仗上进行油饰之前，首先要做一道细腻子，主要是修补细灰的小缝、砂眼、细龟裂纹等，同时也作为油饰的基础。需用铁板在做成的地仗上满刮一道细腻子，并反复刮实，至接头处不显为止，所有的小缝、砂眼、细龟裂纹等都要修补掉，特别是边角、棱线、柱头、柱根、柱鞍等不易操作处，都要用腻子找齐，找顺，圆面则要用皮子捋匀顺、一致。待腻子干透后，用砂纸磨平、磨圆、磨光，不显接头，完工后再清理干净。如果地仗做过浆灰的只上一道细腻子，没有做过浆灰的则找两道细腻子。

2. 刷油

刷油以前要做好准备工作，包括把建筑物内外打扫干净，保持合适的湿度和温度，并把要刷油的构件清理干净。传统上油的方式不是用油刷刷油，而是用丝头搓油，这样做出的效果比油刷的好，还可以节约用油。

所刷头道油叫垫光油，如果是银硃油饰就用章丹油垫光，如果是其他颜色用本色油垫光。垫光油要搓到、搓匀、搓齐，油的用量要适当，不能过多过薄，做到不流、不挂、不皱、不漏、不露痕。待油干后再炝一道青粉，并用零号或一号砂纸进行打磨，直至断斑为止，最后用干布掸擦干净。

头道油完成后上二道油饰，即上光油，其上油的方法与垫光油相同。如果发现头道油之后有裂纹、砂眼等，则需先用油腻子找齐、找平，然后再上二道油饰。

二道油饰完成后再上三道油饰，即罩清油或熟桐油。上油前先用干布把构件掸擦干净，用油栓沾上清油或熟桐油一遍成活，不能间断，要保证栓垄横平竖直、均匀一致。

油饰完工后，要使构件表面不流、不坠，颜色一致、光亮饱满，颜色交接线齐整明晰，无接头、无栓垄，利落细腻。

3.贴金

如果是金活，需先在贴金部位用青粉或滑石粉炝粉，完成后用布擦干净，接着用五分捻子或者圆捻子打金胶，金胶油要抹匀、抹齐、光亮饱满，用量要适当，不流、不抽、不坠。金胶油最好打两道，因为头道油会被油皮地吸干一部分，使得金箔贴不严实，而打两道则可以使贴成的金箔光亮饱满。金箔贴上后，如果是用含金量达98％的库金，在手摸不到的地方可以不罩清油，但如果用的是含金量较低的赤金和田赤金，则必须在其上罩两道熟桐油，以延年保色。

第八章　杂作（小工）

第一节　地基开挖

一、地基

地基是指建筑物下面支承基础的土体或岩体。作为建筑地基的土层分为岩石、碎石土、砂土、粉土、黏性土和人工填土。地基有天然地基和人工地基两类，其中天然地基是不需要人为加固就可以直接放置基础的天然土层；人工地基是需要人工加固处理才能修建的地基，常见手段有压实、换土（用碎石、粗砂、混合灰土代替原土）、桩基等。

二、阶台（台基）

我国传统建筑通常都有一个宽大的台基，除了共同参与建筑外观效果外，台基更重要的实际功能是作为建筑的基础，其上承载着屋身和屋顶，其下则为地基，把建筑荷载传导至地基，并保持室内的干燥。台基在苏州地区被称之为"阶台"。

我国的传统建筑从立面造型上看，阶台在最下面，中间为建筑屋身，最上为屋顶。阶台由石材包砌，平直敦厚，简洁稳重，犹如一个基座，使得建筑在视觉上稳固安全；屋身安装着隔扇、栏杆和挂落等，显得空灵精巧；而屋顶则展示出大小各种曲线，线条优美，整个建筑下稳上美，阶台衬托着屋身的玲珑剔透以及屋顶的轻盈柔和，并彼此间形成强烈的对比，使每一部分的特征都得到充分的显现。在我国传统建筑中，对阶台的形式与尺度比例都十分重视，通常高等级的建筑拥有尺度较大的阶台；而低等级的建筑其阶台则相对低矮，从而保证每个建筑都能保持一种适宜的近乎完美的比例关系（图 8-1-1）。

当然，阶台更重要的实际功能是作为建筑的基础，承载着建筑的上部的所有荷载并传递于地基。阶台分为地上和地下两部分，其内部用碎砖石、石灰按一定的比例拌匀，逐层铺垫夯实，形成了一个整体性很强的庞大的块状基础，满足承载建筑通过墙、柱以及延伸到阶台之中的磉石和绞脚石的全部荷载，再传导至地下，而且还能很好地抵御不均匀沉降的发生。此外，阶台的地上部分高于室外地坪，可以防止雨水进入室内，而地下部分又通过层层夯实，有效地阻止地下水的上升，从而保证了室内能有一个比较干燥的环境。

阶台置于地基之上，因此阶台构筑必须先定位放线和开挖地基。

三、定位放线

定位放线是阶台构筑的第一道工序，也就是将确定的所有建筑的相关尺寸标注到即将施工的地面以及定位桩柱上。

图 8-1-1　建筑具有完美的比例关系

首先在施工地面阶台的大体位置打"龙门桩"，每组两根打入土中，上面横钉"龙门板"，并使龙门板上皮与阶台面标高一致，保证水平。龙门桩一般打在基础外约 1.2~1.5m 的位置，以避免影响基础开挖和搭脚手架。对于阶台平面为矩形的建筑，打好龙门桩后根据建筑单体或组群的轴线确定开间与进深以及柱中、墙中、墙体内皮和外皮、磉墩与绞脚石的外缘以及阶台外缘等位置，并用墨线标记明确。此外，在屋基开脚、磉墩与绞脚的驳砌、阶台包砌以及上部墙体、木构的施工过程中，都要依据标记各点拉线，并用白灰或墨线在地面、坑槽底面、阶台表面等处划出相应的定位线，以保证建筑修建过程定位的匹配与准确（图 8-1-2）。

对于平面为多边形的阶台，则先要确定阶台的中心点，再根据建筑朝向以中点为中心划十字线，最后按阶台平面的形状用不同的比例关系进行划线。如台基为正六边形平面，以十字线为中轴，划一个九比五的矩形，作对角线并延长，再以开间尺寸为长度，自中心点在各条延长线划出交线，以确定六个柱中的位置，最后再根据相邻柱中的连线放出阶台外缘的位置，并划线明确（图 8-1-3）。正八边形平面则以十字线为中轴，划出两个比例为五比二的且相互垂直的矩形，同样也以矩形的对角作延长线，接着在十字线上量出开间尺寸，与十字线平行延伸，直至与相邻的两条矩形对角延长线相交，其交点即为柱中（图 8-1-4）。如果台基平面为正五边形，则根据"九五顶五九，八、五分两边"的说法进行放线，即以十字线中的一条为中轴，下边量出零点九五倍的开间尺寸，并作其垂线为正面，在该垂线上在中轴两边各零点五倍开间处即为两个柱中，在中轴上自十字线中点向上量零点五九倍即为顶点柱中，而在另一条十字线上两边各

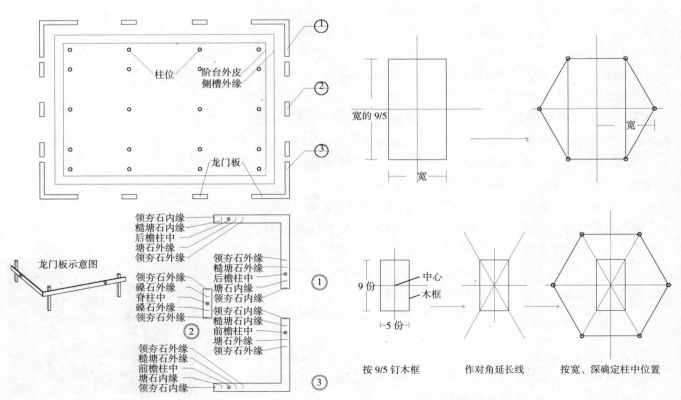

图 8-1-2 阶台定位放线　　　　　　　　图 8-1-3 六边形阶台定位放线

量出零点八倍的开间距离为另两柱的柱中（图 8-1-5）。

　　圆形平面的建筑与多边形建筑相似，可以根据檐柱的多少按多边形的方法放线。而如果建筑平面比较复杂，则需化繁为简，把整个平面分划成若干个简单的平面进行放线。如果是建筑组群，应先对主体建筑进行放线，然后再根据附属建筑的形状、尺寸及位置划出其余的定位线。

　　上述的传统多边形放线方法由于简便易行，虽然精度不是很高，但仍能长期流传。当然，在科技发达的今天，可以使用更为精确的几何作图法进行放线，

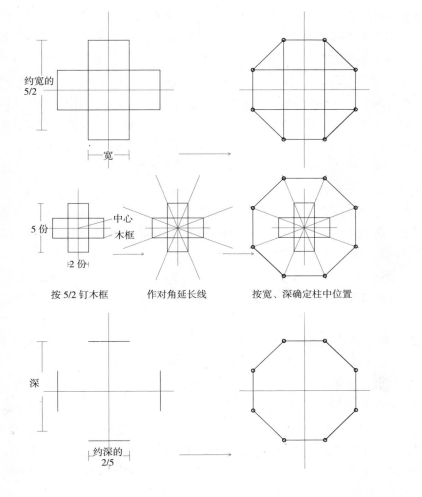

按 5/2 钉木框　　　作对角延长线　　　按宽、深确定柱中位置

图 8-1-4　八边形阶台定位放线

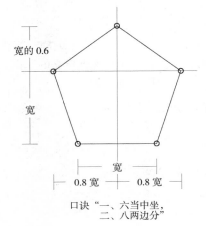

口诀"一、六当中坐，
　　　二、八两边分"

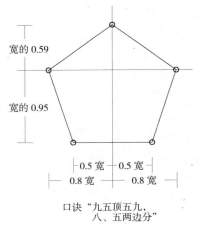

口诀"九五顶五九，
　　　八、五两边分"

图 8-1-5　五边形阶台定位放线

或者借助于先进的仪器来完成放线的工作。

四、地基开挖

地基开挖是今天的建筑术语，在古代苏州地区称之为"开脚"。屋基开脚前需根据需要准备好工具，如支撑、铁锹、铁扒、扛棒、扁担、箩筐、灰桶、水桶、木板、夯、碪、拐子等，然后再依据放好的基线依次开挖。

地基开挖的深浅受到两个方面的影响，一是所承受的建筑荷载，二是其经济合理性。如果开脚过浅可能会危及建筑的安全，但过深的话将会增加土方的工程量，造成经济上的浪费。所以，屋基开脚的深度需要根据建筑本身以及地基的土质情况来确定，并非固定的常量，也可如北方建筑那样由台明高度按比例确定埋深。一般在地基土质较好的情况下，柱下开脚——"磉窠"深为三尺半左右（约1000mm），底宽二尺五寸（约700mm）。四周的绞脚石下刨深减半，约500mm，底宽则相同。如果是楼房建筑开交深度需适当加深。如果在土质较差的地方建房则必须开挖至未经扰动的生土层，或人工方法加固地基。

开挖之后的基础坑槽需要进行夯打以提高地基的承载力，此外，通常还会在磉窠中打入尖状的"领夯石"，也是为了提高地基的承载力。领夯石需打至木夯发跳为止，其上就可以直接驳砌磉墩。绞脚石下由于受力较小，可以直接素土夯实，而不用领夯石。夯实过程需按排行顺序夯实，以免漏夯或夯实不均，造成建筑因地基不稳不匀发生倾斜。

最后，屋基开脚过程中，必须保证坑槽深度的一致以及地基底面的平整，应在开挖过程中以及夯打之后进行测量校准等，以保证上部建筑不发生歪斜。

第二节　阶台夯筑

一、磉墩与绞脚石

磉窠中领夯石夯实之后，上为磉墩，用条石驳砌，谓之"驳脚"。磉墩一般二尺半见方（约700mm×700mm），根据上部荷载大小砌筑条石一至三皮，称作"一领一叠石"、"一领二叠石"和"一领三绞叠石"。四周叠石之上或用砖或用石进行驳砌，以便在其之上砌筑墙体。如使用条石称为"糙塘绞脚"，使用乱石的称为"乱纹绞脚"，使用砖砌的则称之"糙砖绞脚"。绞脚砌至室外地面，沿阶台外缘砌筑一圈称为"土衬石"的条石，其上外缘砌筑"侧塘石"，其上用"阶沿石"压顶，形成阶台顶面之外缘。阶台中间的磉墩根据上面建筑的情况分为两种形式，一是构成独立的基础，每个磉墩单独砌至阶台顶面，并用方形石板"磉石"结顶；一是形成条状基础，即按上部建筑内隔墙及半墙的走向，用砖石绞脚相互连接而成（图8-2-1）。

磉墩和绞脚石驳砌时应注意以下问题：一是要前后搭接和上下错缝，不能有贯通缝，同时砌筑的砂浆须饱满，砌缝要小；二是使用糙塘石或乱石驳砌时，空隙较大处不能采取加宽灰缝的方法使其坐实，而应用小石片予以垫实。

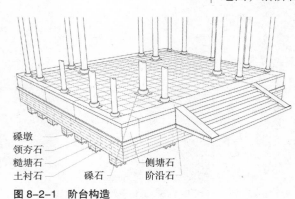

磉墩
领夯石
糙塘石
土衬石　　　　磉石
侧塘石
阶沿石

图8-2-1　阶台构造

二、屋基垫土与夯筑

在磉墩与绞脚石的驳砌完成之后，首先要进行的工序是"填瓮脚土"，即用土回填基础坑槽。瓮脚土通常使用开脚掘出的土，除非原有土质差需要换土，因此开脚时挖出的土应在不影响施工的前提下尽量就近堆放，可以避免来回搬运，减少工程量。填瓮脚土时须逐层铺垫，逐层夯实，大致每层铺浮土一尺（约300mm），夯实后约厚三寸（约100mm）。为保证瓮脚土的密实均匀，必须分层夯实，绝不允许一次完成夯筑，也不可以用水冲代替夯打，即所谓的"水夯"。同时，夯筑时应在坑槽的四周或两侧同时进行，这样可以更好地保证基础质量。

瓮脚土回填完毕后进行屋基垫土，这样可以提高阶台的强度及整体性，避免阶台表面铺设的地砖不会因踏压等荷载作用，而出现洼陷、翘突等问题。如果屋基下土质均匀、质地好，就可以直接布土夯筑。但如果屋基下有旧有水池灰坑等，就须先去除淤泥余水，然后垫入浮土并夯打坚实，避免产生不均匀沉降。在基础中使用的垫土分细土、灰土及三合土等几种。细土就是普通的黏土，过筛去除垃圾杂物，由于其防潮性能较差，含水率不稳定，太干或过潮都会影响夯打后的密实度，从而影响基础的稳定性与承载力，因此除经济不佳的平房外，多为灰土及三合土所替代。灰土是在细土中按比例加入适量的石灰，石灰与黏土的化学反应能使垫土坚硬，并阻塞土层中的毛细孔隙，降低垫土的含水量和导水性，从而大大提高了垫土的抗压强度、稳定及防潮性能。如果要进一步提高阶台的承载力，可以使用三合土作为垫土，即在灰土中再加入一定比例的石碴、瓦砾等做成。

垫土必须均匀满布，然后耙平夯实。细土及灰土每层垫铺不得超过八寸（约200mm），夯实后约厚二寸半（约70mm）；而三合土虚铺时也每层不厚于八寸左右（约200mm），夯实后约厚六寸半（约170mm）。当屋基垫土高出室外地坪时，夯打时应注意不能影响到绞脚石，如殿庭类建筑的阶台较高时，在绞脚石外还需设置必要的支撑，以保护其不受影响。

三、阶台包砌

阶台包砌是指在阶台周缘砌筑侧塘石和阶沿石，在顶面铺设地坪砖（图8-2-2）。对于厅堂以及等级低于厅堂的建筑，因为阶台的外缘与檐柱的中心距离较近，只有一尺至一尺六寸左右（300~450mm），所以在土衬石之上，侧塘石常与绞脚石连为一体一同砌筑。不过由于经济性原因，绞脚石一般会选用未经细凿的石料，甚至使用乱石、糙砖等材料，于是在其外皮需要用表面经过细凿的条石——"侧塘石"予以侧砌，以保证美观坚固。侧塘石不光表面须加工平整，其四边也要平整凿细，并做到保证相邻的两面相互垂直。另外，由于殿堂建筑阶台的下出比较大，所以要在屋基垫土完成后再予以包砌，要是阶沿石上没有墙体的话，甚至可以将包砌工作延至屋顶工程竣工后再进行，这样就能有效避免建筑屋身、屋顶等施工时弄脏阶台的表面，甚至损伤阶台表面及棱角。

厅堂及其以下的建筑，其阶台高通常为一尺左右，所以仅用一皮侧塘石。为保证阶台正立面的外观端庄、整齐对称，包砌需从前后立面的两端开始，最后在现场截头后嵌入正中一块。侧面的包砌为保证外观效果，也可用相同的顺

图8-2-2　阶台包砌

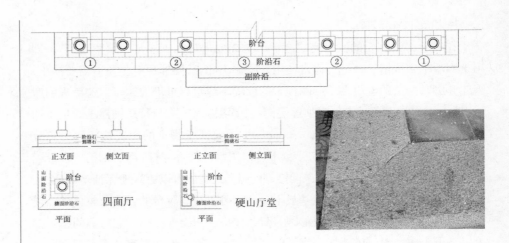

图 8-2-3　阶沿石安放次序

图 8-2-4　阶沿石合角形式

序进行（图 8-2-3）。

　　阶沿石因所处位置，需要对其上表面和侧面两个面进行凿錾平整，其包砌方法则与侧塘石相似。如普通硬山建筑，为保证建筑正立面形象完整美观，其檐面两侧的阶沿石也从阶台外缘往中间铺设；而如四面厅、亭榭之类具有侧面形象要求的建筑，则要将檐面和山面两端的阶沿石截成转角角度的一半进行合角相拼，如直角则截成 45° 角再合角相拼，120° 角则截成 60° 角再合角相拼等。此外，为了防止运输及施工过程中碰伤截角尖端，山面两端的阶沿石需截去二寸（约 55mm）尖角，而檐面两端则需留出相应的平角（图 8-2-4）。

　　殿庭的建筑等级高，其阶台的高度也高，至少在三尺以上，台口到廊柱中心的距离接近廊深，约四尺半，所以要用多皮侧塘石，且其与磉墩及绞脚石之间还需用糙砖砌筑填实。殿庭侧塘石的包砌方法与厅堂相同，需要注意的是上下皮之间要错缝驳砌，不能有贯通缝。阶台顶面需围砌"台口石"，台口石与厅堂阶台的阶沿石相似，其皆为条石，且位置相同。台口石在四角与四面厅做法一致，也要截成 45° 角合角相拼。

　　如果建筑追求华丽，可将阶台做成"金刚座"形式，北方称之为"须弥座"，其构造自上而下分别为方形的台口石、称为"托浑线"的圆弧形线脚，或者雕为"荷花瓣"，荷花瓣可以是单皮，也可用二重瓣，其下为金刚座的中间，称为"束腰"，其面平而内收，在转角处用角柱，其上常刻莲花等饰物称之为"荷花柱"，中部雕有如意、流云等装饰纹样。束腰下与束腰上基本对称，也为荷花瓣或浑线，再下则是将台口石换成了矩形断面的条石——"拖泥"，拖泥之下即为土衬石（图 8-2-5）。

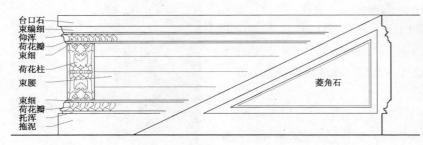

图 8-2-5　金刚座

图 8-2-6 荸底磉石

图 8-2-7 鼓磴

图 8-2-8 半磉

阶台顶面是地坪砖的铺设以及"磉石"、"鼓磴"的砌筑。地面铺设一般要在屋面施工结束后进行，这是为了避免地坪砖在上部建筑工程的施工中受到污染和损伤。地面铺设将在后面的"铺地"章节中介绍。

磉石在砌筑时须注意其顶面应与阶沿石齐平，其中心则与柱中重合，其砌筑可以在屋基垫土完成后进行，也可以在阶沿石包砌后进行。磉石通常为方形石板，边长为柱径的三倍，厚度为边长的一半，即一点五倍柱径。早期常将磉面雕成如荸状高起，称"荸底磉石"（图 8-2-6），北方称之为"覆盆柱础"，如其表面还有雕刻莲瓣纹样的，则称"莲瓣荸底磉"。如果阶台边缘距柱中较近时，有两种处理方法，一是可以将阶沿石雕去一块，使磉石能合缝嵌入阶沿石一部分，保证磉石的完整，二是加宽阶沿石，让檐柱及边贴各柱直接落在阶沿石上。

明清以后上述磉石形式逐渐变少，而开始大量使用"石踬"和"鼓磴"，也就是"踬形柱础"和"鼓形柱础"，并且与磉石分开。石踬高约一点二倍柱径，顶面等于或略大于柱径，高分三部分，上部三分之一为柱状，中间三分之一为内凹的圆势向外伸展，下三分之一则为外凸的圆势内收，其外径较顶面每边放出二寸，共四寸（约 100mm）。鼓磴高为柱径之七折，顶面径或与柱径相同，或周围延出一寸（约 30mm），共较柱径大二寸，并起圆势外凸，其最凸处之外径较柱径大约四寸（约 100mm），即所谓的"加胖势各二寸"（图 8-2-7）。与阶沿石相邻的磉石有用半块的，称之为"半磉"（图 8-2-8）。

四、露台与副阶沿

"露台"为阶台之前所辟之平台，它较阶台低四至五寸（图 8-2-9）。露台规格在《营造法原》中也有记载，一般为四方形，深与宽相同；三间两落翼殿庭前的露台宽三间；五间两落翼殿庭前的露台宽四间；而七间两落翼殿庭前的露台宽五间；其宽之中心线与正间中心线重合。园林中正厅前的露台规格相对随意，可以是其宽和深与建筑相同，也可根据具体情况予以增减。露台的做法与阶台近似，但由于其上没有建筑荷载，因而其四周开脚无须太深，只要经夯实后能埋入土衬石即可。其侧塘石及台口石的包砌也与阶台一样，台面则为石板地坪，铺设方法也将在后面的"铺地"章节中介绍。露台四周通常围绕石栏，栏杆形式及装饰可以根据实际情况与需要确定。

阶台与露台都有一定的高度，需设置台阶以方便上下，台阶也称踏步，在苏州地区又将之称作"副阶沿"（图 8-2-10）。一般的阶台高一尺（约300mm），设副阶沿两级，若更高则视高度增加而相应增加副阶沿。每级副阶沿一般高半尺或四寸五（约 120~140mm），宽约一尺（约 300mm），其长度通

图 8-2-9 露台

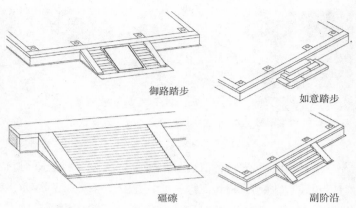

御路踏步　　如意踏步

碾礓　　副阶沿

图 8-2-10 副阶沿形式

图 8-2-11 副阶沿

图 8-2-12 菱角石

图 8-2-13 如意踏步

图 8-2-14 御道

常等于正间的开间（图 8-2-11）。副阶沿两端用"菱角石"，即三角形石块封护。菱角石中线与柱中重合，其宽约一尺（约 300mm）。菱角石的两锐角常被截平，一方面便于搬运，另一方面也不容易破损，其截后高与阶沿石顶面平齐，长为高的二倍（图 8-2-12）。副阶沿和菱角石砌于土衬石或天井的石板铺地之上。有些建筑会省去菱角石，做成通长的副阶沿，如园林中的一些建筑，就在正间前只有副阶沿，而无菱角石，或是以假山石代替副阶沿，这称为"如意踏步"（图 8-2-13）。殿庭建筑的阶台与露台的高度较大，踏步也较多，则需用砖石砌筑填实副阶沿其下空间，菱角石下有拖泥，在紧贴阶台或露台处立短柱，上面斜铺垂代石。此外，一些等级较高的殿庭建筑还常将副阶沿分作三份，当中不做踏步，取而代之的是"御路"或"碾礓"，御路就是副阶沿中间雕有龙凤的石板（图 8-2-14），碾礓则为副阶沿中间刻出锯齿状条纹的石板。

五、铺地

铺地是人们为了在地面活动方便，避免因人的活动对地面产生踏压洼陷、摩擦起尘等影响而对经常活动的地面进行的铺装处理，这既能避免地面坑洼凹陷、磨损起尘等对日常生活带来的不利影响，也能使周围环境变得干净与整洁。

在苏式建筑中，地面处理包括室内地坪和室外地坪两部分，其目的基本相似，但它们的形式和做法却有着较大的差异，下面将分别叙述。

（一）室内地坪

室内地面的处理，早在原始社会就已出现，就是所谓的"红烧土"地面，就是当时的人们用火烧烤泥地会使其变硬，这种方法逐渐在各种建筑的室内得以推广。在此之后人们学会用蚌壳烧制石灰，于是有了"蜃灰"地面，也就是用这种烧制的石灰修饰室内地面，能够使室内地面变得白净与光洁。

到了明清时期，苏式建筑较之前已经有了巨大的进步与发展。和建筑一样，根据当时社会的贫富差距以及社会等级，建筑的室内地坪处理也有精致、简陋之别，高低等级之分。

1. 夯土地面与灰土地面

最早期的简陋草棚没有过多的地面铺饰，大多是将黏土过筛，去除垃圾杂物后匀铺夯实，也就是夯土地面。不过由于夯土地面防潮及防水性较差，人们就在细土中加入石灰拌匀，就成了灰土地面。

2. 城砖地坪与方砖地坪

室内地坪铺砖的普遍使用自明代中期开始，当时的制砖业已迅速发展，生产规模的扩大和生产成本的降低，使得建筑用砖不再像以前那样受到限制，所以平房以上的建筑一般都用砖铺地处理室内地坪，简陋的用城砖侧铺，讲究的则用方砖地坪。

（1）城砖地坪

城砖地坪通常用于等级较低的平房建筑以及廊庑等辅助建筑，是以普通的城砖作为铺地材料，砖的表面可以稍加打磨，也可以不经刨磨加工，其铺设要求也相对简单。城砖地坪铺设首先要将屋基已经夯实的素土或三合土面打平，然后在四面墙根处弹出墨线，保证标高与磉石或阶沿的顶面平齐。在屋基夯土之上再虚铺一层厚约一寸（约30mm）的干燥的细土或湖砂，作为地砖的垫层，同时起到调整城砖表面高度的作用（图8-2-15）。虽然城砖地坪较为简陋，其铺设砖缝并无很严格的要求，但为了控制地坪表面的平整美观，以及每路地砖都能相对平直整齐，铺设城砖时仍需拉线。而且由于城砖较薄，其厚度仅八分左右，所以一般是侧立铺砌，如常见的将城砖铺成人字、席纹、间方、斗纹等纹样，为增强地坪的装饰效果，特别是在园林的廊庑中，更要强调铺设的纹样，以提高其城砖地坪的装饰效果。

（2）方砖地坪

方砖地坪是苏式建筑中最常见的室内铺地形式，不管是普通平房还是各式殿庭，都被普遍采用（图8-2-16）。由于方砖的尺寸较多，在铺设前应弄清楚建筑的开间大小，以选择合适规格的方砖。用方砖铺地时对屋基夯土层表面的处理，以及通过四周墙脚弹线控制标高的过程与方法，基本和前述城砖地坪的方法相同。但方砖与夯土之间的处理较为多样，既可以用细土或湖砂作为垫层，

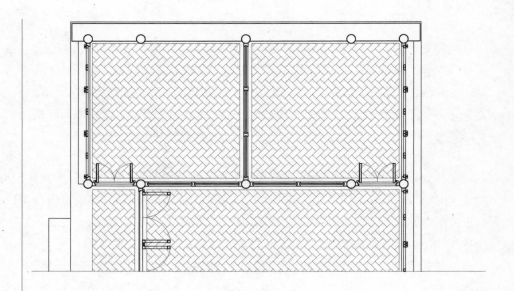

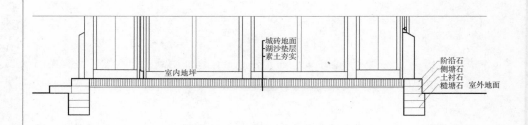

图 8-2-15　城砖铺地

图 8-2-16　方砖铺地实样

也可以在方砖底面抹灰浆直接砌于垫土之上（图 8-2-17）。

　　方砖的铺砌程序与城砖略有不同，相对更复杂讲究。方砖在铺砌之前首先要对砖本身进行加工，如刨磨平整顶面，同时为使其在铺砌时能吃住更多的灰砂，还要在四边砍刨出向底面倾斜的面。此外，为保证顶面砖棱不因破损影响美观，且铺砌时砖缝不致过大，在与顶面交接的四棱处还需留出一二分宽的平面并打磨平整，同时保证其与顶面及相邻的平面彼此垂直。需要指出的是，必须十分注意加工过程中方砖各部分的尺寸以及各个面的垂直度，因为这会直接影响到铺地的质量。

　　传统建筑的方砖地坪，要求其正中一路地砖的中线必须与建筑的轴线重合，因此方砖的铺砌应从中间往两侧逐行铺设，同时注意前面门槛的轴线与砖缝对齐。而对于园林中四面厅那样前后通敞的建筑类型，要将方砖的纵横中线与建筑开间、进深方向的轴线都重合，以保证方砖地坪不仅左右对称，其前后地砖也对称（图 8-2-18）。

　　在方砖铺砌过程中，首先应在地坪两端各铺一列，并以这两列砖的砖缝为基准，进行拉线——卧线，以控制方砖前后砖缝的平齐，然后以建筑轴线为中线，在其两侧以方砖的宽度为基准，拉两条平行线——拽线。放好卧线与拽线后，就可以开始铺砌正中一路方砖了。如该建筑地坪铺设要求较高，则须在完成一块方砖的铺砌后，就移动一次卧线（前后拉线），在完成一列方砖的铺砌后，再移动拽线（左右拉线），以保证砖棱跟线，砖缝严密整齐。

　　在屋基夯土与方砖之间有两种方式结合，一是以细土或湖砂为方砖垫层，

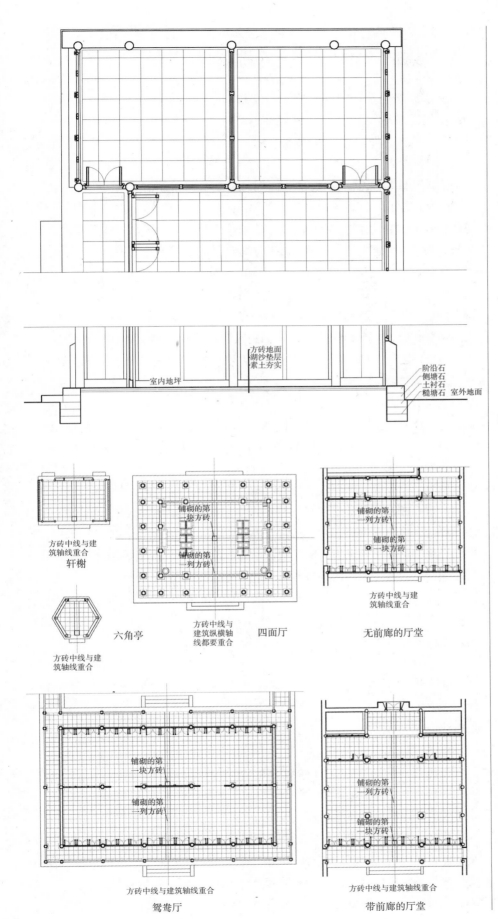

图 8-2-17　方砖铺地

方砖中线与建
筑轴线重合
轩榭

六角亭
方砖中线与建
筑轴线重合

铺砌的第
一块方砖

铺砌的第
一列方砖

方砖中线与
建筑纵横轴
线都要重合
四面厅

铺砌的第
一列方砖

铺砌的第
一块方砖

方砖中线与建
筑轴线重合
无前廊的厅堂

铺砌的第
一块方砖

铺砌的第
一列方砖

方砖中线与建筑轴线重合
鸳鸯厅

铺砌的第
一列方砖

铺砌的第
一块方砖

方砖中线与建筑轴线重合
带前廊的厅堂

图 8-2-18　地坪方砖铺筑次序

这种方法下，每铺一砖皆须用木锤轻轻敲击砖面各处，当敲击后如砖面过高，可用细铁丝将多余的细土或湖砂轻轻勾出，当砖面过低时，则需揭开方砖，垫入适量的砂、土，然后再次进行上述步骤，直至平整。这样做不仅能使砖与垫层紧密结合，避免在日后的使用过程中出现凹陷翘曲问题，同时也起到调整砖面高度的作用，保证整个地面平整如一。铺定了一块方砖之后，还应以拉线为基准检查砖棱，如有超出则用砂石磨平，保证整个地坪的平齐。然后要在与下一块方砖相接的侧面，在下部与砂土结合之处，用灰浆抹一条细细的灰线，这样既能保证砖与砖之间的粘合稳固，又可以因经过挤压而形成向垫层突出的灰浆棱，从而阻止砖底砂土的外流。上部与砖面垂直的棱边上要均匀地抹一层薄薄的油灰，抹之前棱边应先刷水沾湿，必要时还可以刷矾水，这样可以确保油灰与砖的粘合，但要注意矾水不要刷到地砖的顶面。到此一块方砖就铺砌完成了，之后就重复之前的操作顺序，进行下一块方砖的铺砌。只是木锤敲击除了向下用力外，还需朝向完成铺砌的地砖方向敲击方砖侧面，以使砖缝细致、紧密。如在敲击后，有油灰从砖缝中被挤出，则需随即用竹片铲去。如果砖与砖之间略有高低，也应马上用砖刨及砂石将其刨磨平整，以保证砖与砖之间的齐整。以此类推，之后的每一块、每一行砖都以同样的步骤操作，直至全部铺砌完成。

在屋基夯土与方砖之间的另一种结合方式是在砖底用灰砂直接铺砌在屋基夯土层上，此时要注意在一块砖底所抹灰砂需抹成四周略高、中间略少的形状，以便能对砖面高度进行少量的调整，当然对于每块砖底所抹灰砂来说，应该厚薄均匀一致，以保证整个地坪的平齐规整，其他的操作与用砂土垫层一样。

在地砖全部铺砌完毕后，还需对地坪砖面进行一次细致的检查，如果发现有残缺、砂眼等，须用砖灰腻子嵌补。传统的嵌补腻子是用猪血与砖粉拌合而成，现在则是用树脂胶与砖粉拌合而成，其效果也同样理想。修补完成后，还需再一次地全面检查，如发现地坪稍有高低，要用细砂石蘸水予以磨平，之后再对整个铺砖作一次全面的打磨，并用布擦拭干净。为使地坪光亮透新，需待砖完全干透后，最后用软布蘸桐油进行擦拭。如果要求较高时，则工序更加复杂，先是直接将桐油倾倒在地坪砖上，待地砖将油吸透后去除余油，接着将生石灰与砖粉拌匀，洒在地坪表面，待两三天后刮去余灰，清扫干净后，最后用软布反复擦至表面发亮。

（二）室外地坪

在一些户外空间，诸如露台表面、天井甬路、花园小道等，也是人们行走活动比较频繁的地方，其地面通常也要进行铺装，以方便人的使用，其形式有条石铺地、碎石铺地和花街铺地等多种。

1.条石铺地

在露台、天井等处，为追求端庄的效果，常常采用条石铺地。

露台铺地所用的条石称"地坪石"，其宽与台口石相等，长度则较台口石要小很多，这主要是经济因素，因为短石料更为便宜，此外，短石料铺设产生的有节奏的石缝，也能增添装饰效果。露台条石地面的铺设应在做好四周塘石及台口石的包砌以及露台内的垫土也已完成夯打、找平之后，先以台口石的高度拉线，确定露台台面的标高并确定排水方向。一般露台台面呈现出龟背状，即其中间稍高，前面及两侧台口石略低。条石的铺砌步骤是先铺好灰浆，再放石料，即所谓的"坐浆"，然后用木夯或大木锤将石料打平、打实。露台地坪的条石的砌缝为左右通缝，前后错缝。地坪石的石缝虽然允许较宽，但为使石缝平直美观，且宽窄一致，仍然需要跟线铺砌。如果所用条石比较大，不是一人可以搬动的，需要采用"灌浆"的方法进行铺砌，也就是不先铺好灰浆，而是先用碎石片在石料安放时垫平、垫稳，待铺完一定数量的条石之后，再找一适当位置用灰堆围成一个浇灌口，从中将薄灰浆徐徐灌入而成。现在也可以用水泥砂浆代替传统灰浆，也能获得同样的效果。最后，在铺砌完成后还要在石缝上撒上干灰，将石缝填塞严实，并打扫干净。

图8-2-19 石板天井铺设的第二种形式

天井用条石铺砌的称之为"石板天井"，铺设形式有二，一是将整个天井满铺条石，二是以菱角石外缘为限，仅铺当中的甬路。第二种形式需在甬路的两侧铺两路与铺地条石相垂直的条石，作为甬路边界，其外缘与菱角石下土衬石的金边石棱对齐（图8-2-19）。天井的条石铺砌方法及顺序与露台条石铺地基本相同，其顶面标高与阶台下的土衬石平齐。天井条石铺设也要考虑排水问题，如是满铺的石板天井，需要做出四向的排水坡度，另外还要沿四边在石板下铺设排水暗沟，在暗沟四角之上的条石上，需凿出落水口，并用雕成古钱、如意等纹样的盖石覆盖，以加强装饰性（图8-2-20）。落水口的位置应设在建筑檐口的瓦沟滴水下，其高度则为全天井最低处，这样就能将自屋面排入天井的雨水和直接落入天井中的雨水都能迅速排出，避免出现积水之虞。如是仅铺甬路的天井，其处理就较满铺的石板天井简单得多，只要将路面做成当中略高、两边稍低的龟背形，以让雨水顺势流入两侧的泥地即可。当然，如果建筑所处地势较低，则也会在天井中埋设暗沟，以排除天井的积水。

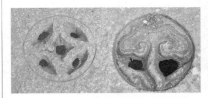

图8-2-20 落水口

2. 碎石铺地

由于碎石铺地材料价格低廉，还带着亲切自然的情趣，因此园林建筑的露台和小院天井除了用条石铺地外，也常用碎石铺地。不过碎石铺地的铺砌施工要求匠师具有良好的素质，因为碎石铺地施工较条石铺地要繁杂琐碎，其要拼出自然雅致的图案，需在拼砌之时细细琢磨，才能使其不杂乱无章。

与其他铺地一样，碎石铺地也需要对基层夯实找平。由于碎石铺地的材料不仅大小各异，厚薄也有所不同，且石料总体不大，因此多采用"坐浆"铺砌，但需在基层铺灰浆之前将石料进行试铺，在标高拉线的控制下，用小石片把铺地石料垫平、垫稳，然后再正常铺灰浆、进行地坪石料铺砌。在铺砌的过程中，对铺地石料需要随铺随选，以使大小石料合理分布，铺装地面美观自然。另外，对于石料间的灰缝也要求尽可能做到纤细一致、自然舒适，由此产生一种自然碎裂的"冰裂纹"效果（图8-2-21）。

3. 花街铺地

花街铺地内容丰富、形式多样（图8-2-22），大都应用于园林之中，如园内曲径、堂前空庭等处。花街铺地在废物利用、低碳环保方面有着不错的表现，其所用的材料都为日常的断材废料，如断砖碎瓦、青黄石片、各色卵石，还有碎碗碎缸、银炉碴粒等都是选用材料。铺砌时一般根据所用材料本身的颜色、形状等设计纹样，铺砌成图，形成精彩多样的构图样式。如纯用望砖或城砖铺砌的间方、人字、席纹等（图8-2-23）；以砖与石片、卵石相组合铺砌的六角、套六方、套八方等（图8-2-24）；以砖瓦与石卵、石片配合使用铺砌而成的海

图8-2-21 冰裂纹碎石铺地

图 8-2-22 花街铺地

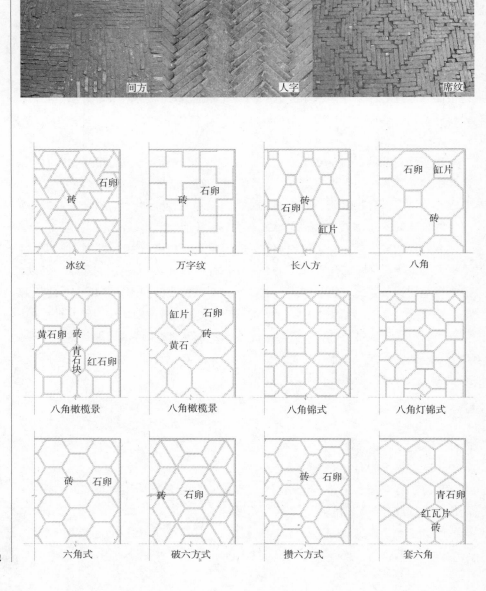

图 8-2-23 纯望砖或城砖铺地

图 8-2-24 用砖和卵石搭配的花街铺地

棠、十字灯景、冰纹梅花等（图8-2-25）；用卵石与瓦混砌而成的钱纹、球门、芝花等（图8-2-26）；此外，还有用多种材料拼嵌出的各种花卉、禽兽、吉祥图案等（图8-2-27）。

花街铺地的铺筑顺序是，首先和其他铺地一样，将要铺装的地面进行夯打找平，令其坚实平整。然后用一层厚约一寸（约30mm）的细土或湖砂遍铺其上，并拉线以控制铺地的标高，一方面控制铺地的整体平整，另一方面注意控制铺地的排水坡度。如果铺砌有规律的几何纹样，为使铺砌的图案大小一致，

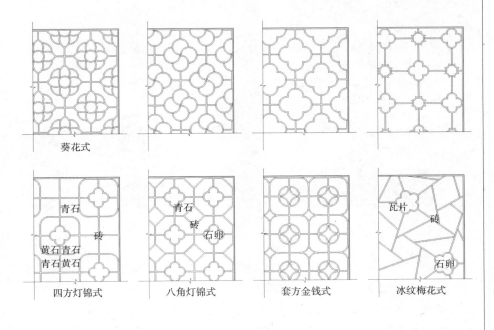

图 8-2-25　用砖、瓦和卵石搭配的花街铺地

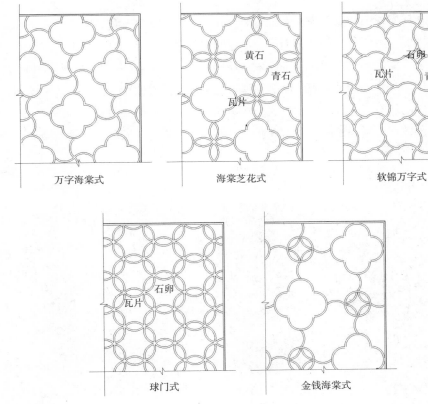

图 8-2-26　用瓦和卵石搭配的花街铺地

图 8-2-27　吉祥图案的花街铺地（左）
图 8-2-28　黄道砖铺地现场（右上）
图 8-2-29　花街铺地的铺砌（右下）

需根据图案的形式进行拉线。如果纯用砖等单一材料铺筑时，可以顺序铺砌（图 8-2-28）。如果为多种材料混砌时，应先用砖瓦等围砌成边框，然后将石片、卵石等嵌入其中。这是因为砖瓦较长，可嵌入垫层较深，能有效阻止石片、卵石下的砂土流失。此外，在镶嵌石片或卵石时，要注意其长短形状方向等，在铺砌出多样图案的同时，保证铺砌效果的和谐统一。花街铺地铺砌过程中也要用木锤随时击打，以保证铺装面层与下层结构的紧密结合（图 8-2-29）。

还有一种被称作"弹石路面"的铺地也是苏州地区常见的（图 8-2-30），其主要用于城中小巷、乡野道路等，偶尔也会用于园林曲径。其材料全都使用拳头大小的块石或石片，铺砌方法与花街铺地相似，有时还会在路幅的中间拼嵌出各种图案，增添道路的观赏性。现存苏州郊外的清初御道就是弹石路面的佳作。

图 8-2-30　弹石路面

第三节 灰浆配制

古代的建筑工程所用的灰浆种类繁多，有"九浆十八灰"之说。如古代常用普通石灰砂浆来砌筑建筑基础，但对于古塔、城墙、殿庭等高建筑、大建筑的基础，则会使用明矾水与糯米浆和石灰拌成的灰浆进行砌筑。

现在在古建修缮工程中，常会使用现代建筑材料，诸如石灰砂浆、混合砂浆、水泥砂浆等来替代以前的灰浆，但要重视的是必须避免破坏原有建筑的风格，如果能做到，那采用成功的新材料、新做法是合理的。当然，有些情况下，传统的灰浆就效果更好，如作为干摆、丝缝墙的灌浆材料，水泥砂浆的效果就不如白灰浆等传统材料。因此，选择合理的砂浆、灰浆可以更好地保证质量，并有效提高经济性（表 8-3-1）。

古建工程常见的各种灰浆及其配合比、制作要点　　表 8-3-1

名	称	主要用途	配合比及制作要点	说 明
按灰的泡制方法分类	泼灰	制作各种灰浆的原材料	生石灰用水反复均匀地泼洒成为粉状后过筛	存放时间：用于灰土，不宜超过 3~4 天；用于室外抹灰，不宜超过 3~6 个月
	泼浆灰	制作各种灰浆的原材料	泼灰过细筛后分层用青浆泼洒，闷至 15 天以后即可使用。白灰：青灰 =100：13	超过半年后不宜用于室外抹灰
	煮浆灰（灰膏）	制作各种灰浆的原材料	生石灰加水搅成浆，过细筛后发胀而成	一般不宜用于室外露明处及苫背
	老浆灰	丝缝墙砌筑	青浆、生石灰浆过细筛后发胀而成。青灰：生灰块 =7：8 或 5：5 或 10：2.5（视颜色需要定）	老浆灰即呈深灰色的煮浆灰
按有无麻刀分类	素灰	淌白墙，带刀缝墙，琉璃砌筑	泼灰、泼浆灰加水或煮浆灰。黄琉璃砌筑用泼灰加红土浆调制	素灰主要指灰内没有麻刀，其颜色可为白色、月白色、红色、黄色等
	麻刀灰 大麻刀灰	苫背；小式石活勾缝	泼浆灰加水或青浆调匀后掺麻刀搅匀。灰：麻刀 =100：5	
	麻刀灰 中麻刀灰	调脊；筑瓦；墙体砌筑抹馅；抹饰墙面；堆抹墙帽	各种灰浆调匀后掺入麻刀搅匀。灰：麻刀 =100：4	用于抹灰面层，灰：麻刀 =100：3
	麻刀灰 小麻刀灰（短麻刀灰）	打点勾缝	调制方法同大麻刀灰。灰：麻刀 =100：3，麻刀经加工后，长度不超过 1.5cm	
按颜色分类	纯白灰	金砖墁地；砌糙砖墙；室内抹灰	泼灰加水搅匀，或用灰膏。如需要可掺麻刀	
	月白灰 浅月白灰	调脊；筑瓦；砌糙砖墙；室外抹灰	泼浆灰加水搅匀。如需要可掺麻刀	
	月白灰 深月白灰	调脊；筑瓦；砌糙砖墙；室外抹灰	泼浆灰加青浆搅匀。如需要可掺麻刀	
	葡萄灰	抹饰红灰	泼灰加水后加霞土（又叫二红土）再加麻刀。白灰：霞土 =1：1，灰：麻刀 =100：3	如用氧化铁红，白灰：氧化铁红 =1：0.03
	黄灰	抹饰黄灰	泼灰加水后包金土色（土黄色）再加麻刀，白灰：包金土：麻刀 =100：5：4	如无土黄色，可改用地板黄，用量减半

续表

名　称		主要用途	配合比及制作要点	说　明
按专项用途分类	驮背灰	放在筒瓦之下，筑瓦灰（泥）之上	常用月白中麻刀灰	
	扎缝灰	筑瓦扎缝	月白大麻刀灰或中麻刀灰	
	抱头灰	挑脊抱头	月白大麻刀灰或中麻刀灰	
	节子灰	筑瓦勾抹瓦脸	素灰膏	
	熊头灰	筑筒瓦时挂抹熊头	小麻刀灰或素灰。筑黄琉璃瓦掺红土粉，其他琉璃瓦及布瓦掺青灰	
	花灰	布瓦屋顶挑脊时的衬瓦条、砌胎子砖、堆抹当沟	泼浆灰加少量水或少量青浆，不调匀	
	爆炒灰（熬炒灰）	苫纯白灰背；宫殿墁地	泼灰过筛（网眼宽度在0.5cm以上），使用前一天调制，灰应较硬，内不掺麻刀	作为苫背用料时主要用于殿式屋顶的找坡和增加垫层厚度
	护板灰	苫背垫层中的第一层	月白麻刀灰，但灰较稀，灰：麻刀=100：2	
	夹垄灰	筒瓦夹垄；合瓦夹腮	泼浆灰、煮浆灰加适量水或青浆，调匀后掺入麻刀搅匀。泼浆灰：煮浆灰=3：7或5：5，灰：麻=100：3	黄琉璃瓦面应将泼浆灰改为泼灰，青浆改为红土浆，白灰：头号红土=1：0.6（如用氧化铁红，用量为0.065）
	裹垄灰 打底用	布瓦筒瓦裹垄	泼浆灰加水或青浆调匀后掺入麻刀。灰：麻刀=100：（3~4）	
	裹垄灰 抹面用	布瓦筒瓦裹垄	煮浆灰掺青灰及麻刀。灰：麻刀=100：（3~4）	
添加其他材料的灰浆	江米灰	琉璃花饰砌筑；重要宫殿琉璃瓦夹垄	泼灰用青浆调匀；掺入麻刀，再掺入江米汁和白矾水。灰：麻刀：江米：白矾=100：4：0.75：0.5	黄琉璃将青浆改为红土浆。白灰：头号红土=1：0.6（如用氧化铁红，用量为0.065）
	油灰（1）	细墁地面砖棱挂灰	细白灰粉（过箩）、面粉、烟子（用胶水搅成膏状），加桐油搅匀。白灰：面粉：烟子：桐油=1：2：（0.5~1）：（2~3）。灰内可兑入少量白矾水	可用青灰面代替烟子，用量根据颜色定
	油灰（2）	宫殿柱顶等安装铺垫；勾栏等石活勾缝	泼灰加面粉加桐油调匀。白灰：面粉：桐油=1：1：1	铺垫用应较硬，勾缝用应较稀
	油灰（3）	宫殿防水工程舱缝	油灰加桐油。油灰：桐油=0.7：1，如需舱麻，麻量为0.13	
	麻刀油灰	叠石勾缝；石活防水勾缝	油灰内掺麻刀，用木棒砸匀。油灰：麻=100：（3~5）	
	纸筋灰（草纸灰）	室内抹灰的面层；堆塑花活的面层	草纸用水闷成纸浆，放入煮浆灰内搅匀。灰：纸筋=100：6	厚度不宜超过1~2mm
	蒲棒灰	壁画抹灰的面层	煮浆灰内掺入蒲绒，调匀。灰：蒲绒=100：3	厚度不宜超过1~2mm
	砖面灰（砖药）	干摆、丝缝墙面、细墁地面打点	砖面经研磨后加灰膏。砖面：灰膏=3：7或7：3（根据砖色定）	可酌掺胶粘剂
	血料灰	重要的桥梁、驳岸等水工建筑的砌筑	血料稀释后掺入灰浆中。灰：血料=100：7	
	锯末灰	淌白墙打点勾缝，地方做法的墙面抹灰	泼灰、煮浆灰、泼浆或老浆灰加水；锯末过筛洗净，锯末：白灰=1：1.5（体积比），调匀后放置几天。待锯末烧软后即可使用	
	砂子灰	墙面抹灰，多用于底层，也用于面层	砂子过筛，白灰膏用少量水稀释后，加砂加水调匀。砂：灰=1：3	
	焦渣灰	抹墙；抹焦渣地面；苫焦渣背	焦渣与泼灰掺合后加水调匀，或使用生石灰加水，取浆，与焦渣调匀。白灰：焦渣=1：3（体积比）。用于抹墙或地面面层，焦渣应较细	应放置2~3天后使用，以免生灰起拱
	煤球灰	地方做法的墙面抹灰	白灰膏：细炉灰=1：3（体积比），加水调匀	
	滑秸灰	地方建筑抹灰做法	泼灰：滑秸=100：4（重量比）；滑秸长度5~6cm，加水调匀	待几天后滑秸烧软才能使用
	三合灰（混蛋灰）	抹灰打底（必要时用）	月白灰加适量水泥，还可掺麻刀	强度好，干得快，但颜色不正

续表

名　称		主要用途	配合比及制作要点	说　明
添加其他材料的灰浆	棉花灰	壁画抹灰的面层；地方手法的抹灰做法	好灰膏掺入精加工的棉花绒，调匀。灰∶棉花=100∶3	厚度不宜超过2mm
	毛灰	地方手法的外檐抹灰	泼灰掺入动物鬃毛或人的头发（长度约5cm）调匀。灰∶毛=100∶3	
	掺灰泥（插灰泥）	筑瓦；墁地；砌碎砖墙	泼灰与黄土拌匀后加水，或生石灰加水，取浆与黄土拌合，闷8h后即可使用。灰∶黄土=3∶7或4∶6或5∶5等（体积比）	土质以亚黏性土为好
	滑秸泥	苫泥背；抹饰墙面	与掺灰泥制作方法相同，但应掺入滑秸（即麦秸，又叫麦余），滑秸应经石灰水烧软后再与泥拌匀。泥∶滑秸=100∶20（体积比）	用于抹墙，可将滑秸改为稻草。用于壁画，灰所占比例不宜超过40%，亦可用素泥
	麻刀泥 （1）	宫殿苫泥背	与掺灰泥制作方法相同，但应掺入麻刀。灰∶麻刀=100∶6	
	麻刀泥 （2）	壁面抹饰的面层	砂黄土∶白灰=6∶4，白灰∶麻刀=100∶6	
	细石掺灰泥	砌筑石活	掺灰泥内掺入适量的细石末	极少用
	棉花泥	壁画抹饰的面层	好黏土过箩，掺入适量细砂，加水调匀后，掺入精加工后的棉花绒。土∶棉花=100∶3	厚度不宜超过2mm
白灰浆	生石灰浆	筑瓦沾浆；石活灌浆；砖砌体灌浆；内墙刷浆	生石灰块加水搅成浆状，经细筛过淋后即可使用	用于刷浆，应过箩，并应掺胶类物质。用于石活可不过筛
	熟石灰浆	砌筑灌浆；墁地坐浆；筑干槎瓦坐浆；内墙刷浆	泼灰加水搅成稠浆状	用于刷浆，应过箩，并应掺胶类物质
月白浆	（浅）	墙面刷浆	白灰浆加少量青浆，白灰∶青灰=100∶10	用于墙面刷浆，应过箩，并应掺胶类物质
	（深）	墙面刷浆；布瓦屋顶刷浆	白灰浆加青浆。白灰∶青灰=100∶25	用于墙面刷浆，应过箩，并应掺胶类物质
桃花浆		砖、石砌体灌浆	白灰浆加好黏土浆。白灰∶黏土=3∶7或4∶6（体积比）	
青浆		青灰背、青灰墙面赶轧刷浆；筒瓦屋面檐头绞脖；黑活屋顶眉子、当沟刷浆	青灰加水搅成浆状后过细筛（网眼宽不超过0.2cm）	兑水2次以上时，应补充青灰，以保证质量
烟子浆		筒瓦檐头绞脖；眉子、当沟刷浆	黑烟子用胶水搅成膏状，再加水搅成浆状	可掺适量青浆
红土浆（红浆）		抹饰红灰时的赶轧刷浆	头红土兑水搅成浆状后兑入江米汁和白矾水。头红土∶江米∶白矾=100∶7.5∶5	现在常用氧化铁红兑水，再加胶类物质
包金上浆（土黄浆）		抹饰黄灰时的赶轧刷灰	土黄兑水搅成浆状后兑入江米汁和白矾水。土黄∶江米∶白矾=100∶7.5∶5	现在常用地板黄兑生石灰水（或大白溶液），再加胶类物质
砖面水		旧干摆、丝缝墙面打点刷浆；捉节夹垄做法的布筒瓦屋面新做刷浆	细砖面经研磨后加水调成浆状	
江米浆（糯米浆）	（1）	重要宫殿小夯灰土落水活	每10.24m²（平方丈）用江米225g，白矾18.75g	
	（2）	重要建筑的砖、石砌体灌浆	生石灰兑入江米浆和白矾水。青灰∶江米∶白矾=100∶0.3∶0.33	用于石砌体灌浆，生石灰浆不过淋
	（3）	宫殿青灰背提押溜浆	青浆内掺江米浆和白矾水。青灰∶江米∶白矾=10∶1∶0.25	
	（4）	纯白灰背提押溜浆	泼灰加水搅成浆状后兑入江米浆和白矾水。灰∶江米∶白矾=100∶1.6∶1.07	
杂杂浆		小式地面石活铺垫；其他需添加骨料的灌浆	白灰浆或桃花浆中掺入碎砖，碎砖量为总量的40%~50%。碎砖长度不超过2~3cm	
油浆		宫殿青灰背刷浆；宫殿布瓦屋顶刷浆	青浆或月白浆兑入生桐油。青浆（或月白浆）∶生桐油=100∶（1~3）（体积比）	

名　　称		主要用途	配合比及制作要点	说　　明
盐卤浆	（1）	用于宫殿青灰背的赶轧刷浆	盐卤兑水再加青浆和铁面。盐卤：水：铁面 =1：（5~6）：2，铁面粒径 0.15~0.2cm	宜盛在陶制容器中
	（2）	用于大式石活安装中的铁件固定	盐卤兑水再加铁面。盐卤：水：铁面 =1：（5~6）：2，铁面粒径 0.15~0.2cm	宜盛在陶制容器中
白矾水		壁画抹灰面层的刷浆处理；小式石活铁件固定；细墁地挂油灰前的砖棱刷水	白矾加水。用于石活铁件固定应较稠	
黑矾水		金砖墁地钻生泼墨	黑烟子用酒或胶水化开后与黑矾混合（黑烟子：黑矾 =10：1）。红木刨花与水一起煮，待水变色后除净刨花，然后把黑烟子和黑矾混合液倒入红木水内，煮熬至深黑色，趁热用	
绿矾水		庙宇黄色墙面的刷浆	绿矾加水，浓度视刷后的颜色而定	
生桐油		新做细墁地钻生；旧地面加固养护	直接使用	

第四节　搭脚手架

　　脚手架是指施工现场为工人作业并解决垂直和水平运输而搭设的各种临时支架，分为两种，一种是构件的临时支撑结构架，另一种是为满足工人在较高、无法直接施工的地方搭设的施工作业平台。其作用是在高处作业时供堆料、短距离水平运输及作业人员在上面进行施工作业。因此，脚手架必须有足够的牢固性和稳定性，保证施工期间在所规定的荷载和气候条件下，不产生变形、倾斜和摇晃；要有足够的使用面积，满足堆料、运输、操作和行走的要求；要构造简单，搭设、拆除和运输方便等。古代常用的脚手架主要是竹、木材料的，现今还有钢管及合成材料等。脚手架组成主要包括木质脚手板、竹架、圆段木、铁管、钢管、棕绳、细麻油绳、扣件等（图 8-4-1）。

　　脚手架搭设首先要做好施工准备，搭设人员必须具有相关技术与安全意识，准备好搭设材料并严格检查，避免不符合要求的材料被使用。由于古代多为竹、木材料，更要仔细检查其腐朽、虫蛀等现象。准备好后在确定的位置开始搭设，脚手架底部立杆交错使用，排距为 1.5m，内排距墙 250mm。柱距 1.8m，连墙杆每层设置一道，每步的栏杆高度为 0.9m，剪力撑倾角为 45°，跨距 5 个柱距，连续设置，脚手架采用竹笆脚手板，所有搭接处需用绳索或扣件紧固，做到作业面基本平整，锚固可靠。脚手架在搭设过程中必须实时进行检查验收，完成后验收合格，方可使用。

　　搭设脚手架施工流程以双排外脚手架为例，其立杆间距：横距 0.9m、纵距 1.5m。相邻立杆的接头位置应错开布置在不同的步距内，与相邻大横杆的距离不宜大于步距的 1/3，立杆与横杆必须用直角扣件扣紧，不得隔步设置或遗漏。立杆的垂直偏差应不大于架高的 1/300，并控制绝对偏差值不大于 75cm，每根立杆底部设置垫板。大横杆步距为 1.8m。上下横杆的接长段应错开布置在不同的立杆纵距中，与相邻立杆的距离不宜大于纵距的 1/3。同一排

图 8-4-1　脚手架

大横杆的水平偏差不大于该片脚手架总长度的 1/250，且大于 50mm。相邻步架的大横杆应错开布置在立杆的内侧和外侧，以减少立杆的偏心受载情况。小横杆长 1.2m。贴近立杆布置，搭于横杆之下并用直角扣件扣紧。在相邻立杆之间根据需要加设 1~2 根小横杆。在任何情况下，均不得拆除作为基本构架结构杆件的小横杆。剪刀撑除在两端设置外，中间每隔 12~15m 设一道。剪刀撑应联系 3~4 根立杆，斜杆与地面夹角为 45°。剪刀撑应沿架高连续布置，在相邻两道剪刀撑之间，每隔 10~15m 高架设一组长剪刀撑。剪刀撑的斜杆除两端用旋转扣件与脚手架的立杆扣紧外，在其中间应增加 2~4 个扣结点。连墙件按二步三跨设置。连墙件采用刚性形式与框架梁及柱连接。在铺设脚手板的操作层上设护栏和挡脚板。上护栏高度 1.2m，中护栏居中布置，挡脚板高出脚手板面 0.25m。

　　脚手架拆除前，也需全面检查脚手架的扣件连接、支撑体系等是否符合构造要求。确认无误后，先清除脚手架上的杂物及地面障碍物。拆除必须由上向下逐层进行，严禁上下同时作业，直至脚手架拆卸完成。拆下的材料分类整理，妥善保管，以便下次使用。

后　记

　　《苏州民居营建技术》的纂写，原计划要在有关选址、工程中的仪典方面多花笔墨。因为一方面是当今社会中有相当多的人对此有着浓厚的兴趣，另一方面近人的研究中能够有说服力的并不太多。于是查找文献、收集资料，以期将更接近于真实的历史展现在读者的面前。但随着研究的深入，困惑却也与日俱增，以至于迟迟不能提笔。

　　古代人们对于选址、修建仪典、营造禁忌等方面的重视程度其实远低于今人的想象。就以选址而言，尽管在所有的堪舆典籍中都论述了选址的重要性，且列出了理想的宅基环境与位置，但历史上除了皇家工程，其余人几乎不可能随意选址；又如择日，人们都希望将重大事宜放在吉日举行，而过去的建筑工程中诸如选址、动土、奠基、破木、立柱、上梁等重要节点不仅要择日，同时还要举行有一定规模的祀神活动。但民间建筑工地上常见的一幅"立柱欣逢黄道日，上梁巧遇紫微星"对联，却透露出人们对择日的心态，因为对联中讲了这样一个故事。说是有一户人家建宅，即将上梁，延请风水师掐算，云某日不吉。时有路人经过，提及择日，却说是日大吉。再询风水师，惊称，适逢紫微星君下临，气运全改。这则故事反映出的就是古人万事顺其自然的态度，通俗的说法就是"择日不如撞日"。类似的例子还能举出很多，若像如今不少人那样试图用"科学"予以阐释，难免有"以今证古"的牵强。

　　其实，包括居宅营建过程中的风水之说和种种仪典是人们出于对灾祸的禁忌、对前程的期盼，属于一种心理安慰式的文化现象，而传统的建筑活动中所最终呈现于人们面前的建筑物只是一种载体，使这一文化附着于其上。

　　厘清了彼此的关系，相关问题渐渐变得清晰，于是写作的进度迅速提高……

　　本书的编撰虽然出自作者之手，但其中也积淀了前人及许多工匠朋友的智慧，在与他们的交往中有时一些不经意的闲聊，往往会成为作者对古建构造、营建活动加深理解的切入点，因此在成书之际需要示以谢意。在本书的写作与出版过程中，中国建筑工业出版社的领导予以了强有力的支持、几位编辑给予了有益的建议和花费了大量的精力，在此也须表示衷心的感谢。

雍振华

2013 年 7 月 28 日